# 第四級アマチュア無線技士

## 合格精選 400題 試験問題集

吉川忠久 著

東京電機大学出版局

# はじめに

### 合格をめざして

　本書は，第四級アマチュア無線技士（四アマ）の国家試験を受験しようとする方のために，短期間で国家試験に合格できることを目指してまとめたものです．

　アマチュア無線を始めようとする方は，まず，四アマなどの無線従事者の免許をとらなければなりません．無線従事者の免許をとるには，（公財）日本無線協会で行われる国家試験に合格するのが近道です．そして，短期間に合格するには既出問題集で学習する方法が一番の近道です．しかし，これまでに出題された問題の種類は結構多く，また，専門用語が多いので単に暗記しようとしてもなかなかたいへんです．

　そこで本書は，四アマの国家試験で出題された問題を項目別にまとめて，単なる言葉の暗記ではなく，問題を解くために必要な解説を付けて内容が理解できるようにしました．また，チェックボックスによって理解度を確認できるようにしましたので，これらのツールを活用して学習すれば，短期間で試験に合格する力をつけることができます．

### 国家試験に効率よく合格するために！！

　国家試験ではこれまでに出題された問題が繰り返し出題されています．そこで，既出問題が解けるように学習することが，効率よく合格する近道です．
　本書を繰り返し学習すれば，合格点をとる力は十分つきます．
　いくつもの本を勉強するより，
**本書を繰り返し学習して，同じ問題が出たときに失敗しないこと！！**
　このことが試験に合格するために，最も重要なことです．

### アマチュア無線を始めるには

　国家試験に合格したら，無線従事者の免許を申請して四アマの免許を取得してください．次に無線機を準備してアマチュア無線局を開局します．アマチュア無線には，いろいろな楽しみ方があります．近くの仲間とおしゃべりを楽しんだり，外国の人と交信したり，あるいは無線機を自作して実験することもできます．

　本書によって，一人でも多くの方が四アマの資格をとって，アマチュア無線を楽しまれることのお役に立てれば幸いです．

2014年4月

　　　　　　　　　　　　　　　　　　　　　　　　　　　　　　　　　筆者しるす

# もくじ

合格のための本書の使い方 …………………………………………………… 5

## 無線工学
無線工学の基礎 ………………………………………………………………… 13
電子回路 ………………………………………………………………………… 33
送信機 …………………………………………………………………………… 53
受信機 …………………………………………………………………………… 75
電波障害 ………………………………………………………………………… 97
電源 ……………………………………………………………………………… 103
空中線および給電線 …………………………………………………………… 109
電波伝搬 ………………………………………………………………………… 129
測定 ……………………………………………………………………………… 145

## 法　規
目的・定義 ……………………………………………………………………… 155
無線局の免許 …………………………………………………………………… 157
無線設備 ………………………………………………………………………… 163
無線従事者 ……………………………………………………………………… 170
運用 ……………………………………………………………………………… 173
監督 ……………………………………………………………………………… 193
業務書類 ………………………………………………………………………… 201

# 合格のための本書の使い方

　無線従事者国家試験の出題の形式は，マークシートによる選択式の試験問題です．学習の方法も問題形式に合わせて対応していかなければなりません．
　国家試験問題を解く際に，特に注意が必要なことをあげると，

1　どのような範囲から出題されるかを知る．
2　問題の中でどこがポイントかを知る．
3　計算問題は必要な公式を覚える．
4　問題文をよく読んで問題の構成を知る．
5　わかりにくい問題は繰り返し学習する．

　本書は，これらのポイントに基づいて，効率よく学習できるように構成されています．

## ページの表に問題・裏に解答解説

　まず，問題を解いてみましょう．
　次に，問題のすぐ次のページに解答が，必要に応じて解説（ミニ解説を含む．）も収録されていますので，答を確かめてください．間違った問題は問題文と解説をよく読んで，内容をよく理解してから次の問題に進んでください．

## 国家試験に出題された問題をセレクト

　問題は，国家試験に出題された問題をセレクトし，各項目別にまとめてあります．
　セレクトした問題は，国家試験に出題されたほぼ全種類の問題です．各出題項目から試験に出題される出題数と出題1問あたりの本書に掲載した問題数は，各項目によってかなり違います（p.7の表に示します）．試験で出題される1問あたりの掲載問題数が少ない項目を重点的に学習すると効率よく学習することができます．

## チェックボックスを活用しよう

　各問題には，チェックボックスがあります．正解した問題をチェックするか，あるいは正解できなかった問題をチェックするなど，工夫して活用してください．
　チェックボックスを活用して，不得意な問題が確実にできるようになるまで，繰り返し学習してください．

## 問題をよく読んで

　解答がわかりにくい問題では，問題文をよく読んで問題の意味を理解してください．何を問われているのかが理解できれば，選択肢もおのずと絞られてきます．すべての問題について正解するために必要な知識がなくても，ある程度正解に近づくことができます．

　また，穴埋め式の問題では，問題以外の部分も穴埋めになって出題されることもありますので，穴埋めの部分のみを覚えるのではなく，それ以外のところもよく読んで学習してください．

## 解説をよく読んで

　問題の解説では，その問題に必要な知識を取り上げるとともに，類題が出題されたときにも対応できるように，必要な内容を説明してありますので，合わせて学習してください．

　計算問題では，必要な公式を示してあります．公式は覚えておいて，問題の数値が異なったときでも計算できるようにしてください．

## いつでも・どこでも・繰り返し

　学習の基本は，何度も繰り返し学習して覚えることです．

　いつでも本書を持ち歩いて，すこしでも時間があれば本書を取り出して学習してください．案外，短時間でも集中して学習すると効果が上がるものです．

　本書は，すべての分野を完璧に学習できることを目指して構成されているわけではありません．したがって，新しい傾向の問題もすべて解答できる実力がつくとはいえないでしょう．しかし，本書を活用することによって国家試験で合格点（約67％）をとる力は十分につきます．

　やみくもにいくつもの本を読みあさるより，本書の内容を繰り返し学習することが効率よく合格するこつです．

# 傾向と対策

## 試験問題の形式と合格点

| 科目 | 問題の形式 | 問題数 | 合格点 |
|---|---|---|---|
| 無線工学 | 4肢択一式 | 12 | 8問以上 |
| 法規 | 4肢択一式 | 12 | 8問以上 |

　無線工学と法規の両方の科目が合格点以上でないと合格になりません．試験時間は，無線工学と法規合わせて1時間です．

## 各項目ごとの出題数と掲載問題数

　効率よく合格するには，どの項目から何問出題されるかを把握しておき，確実に合格ライン（約67%）に到達できるように学習しなければなりません．

　無線工学と法規の試験科目で出題される項目と各項目の標準的な出題数，および本書に掲載した各項目の問題数を次表に示します．

　各項目の出題数は試験日によって，それぞれ1問増減することもありますが，合計の問題数は変わりません．

　無線工学の問題については，出題1問あたりの掲載問題の数がかなり違います．「無線工学の基礎」，「電子回路」，「空中線および給電線」は出題1問あたりの掲載問題数が30問以上あります．ところが，「送信機」，「受信機」，「電源」では13問程度，「電波障害」では約6問ですから，出題1問あたりの問題の種類が少ないので，これらの項目を完璧に学習すると効率よく得点することができます．

　法規の問題については，各項目から試験で出題される1問あたりの掲載問題数は「運用」が約12問と少なく，「無線設備」が18問で多いのですが，無線工学ほど大きな差はありません．

無線工学

| 項　目 | 出題数 | 掲載問題数 |
|---|---|---|
| 無線工学の基礎 | 1 | 34 |
| 電子回路 | 1 | 36 |
| 送信機 | 2 | 38 |
| 受信機 | 2 | 36 |
| 電波障害 | 2 | 11 |
| 電源 | 1 | 13 |
| 空中線および給電線 | 1 | 31 |
| 電波伝搬 | 1 | 27 |
| 測定 | 1 | 16 |
| 合計 | 12 | 242 |

法規

| 項　目 | 出題数 | 掲載問題数 |
|---|---|---|
| 目的・定義／無線局の免許 | 2 | 26 |
| 無線設備 | 1 | 18 |
| 無線従事者 | 1 | 13 |
| 運用 | 5 | 61 |
| 監督 | 2 | 26 |
| 業務書類 | 1 | 14 |
| 合計 | 12 | 158 |

# 受験の手引き

**試験地**　全国各地のCBTテストセンターで試験が行われます．
**実施時期**　予約により，随時行われます．
**申請時期**　試験日の14日前まで
**試験の申請**　公益財団法人日本無線協会（以下，「協会」といいます．）のホームページの「CBT方式無線従事者国家試験のページ」のリンクからCBT-Solutionsにアクセスして，申請手続きを行います．次に申請までの流れを示します．

① CBT-SolutionsでユーザIDとパスワードを登録します．
② ログイン後，「CBT申込」より，試験の日付・会場・時間，郵送物送付先などを入力し，顔写真の登録をして受験予約を行います．
③ 請求額の受験料をクレジットカード決済，コンビニエンスストア決済やPay-easy（ペイジー）決済によって払い込むと受験予約が完了します．

**受験当日**　予約したCBTテスト会場へは，試験開始30分〜5分前までに到着してください．遅刻すると受験ができません．試験会場に着きましたら，運転免許証や学生証などの本人確認書類を提示して受付をしてから，試験会場に入室してコンピュータによる試験を受験します．

**試験結果の通知**　受験日から1か月以内に，協会（@nichimu.or.jp のアドレス）から電子メールが送付されます．メールの指示に従って試験結果が記載された結果通知書をダウンロードしてください．

（公財）日本無線協会の
ホームページ

https://www.nichimu.or.jp/

(公財)日本無線協会

| 事務所の名称 | 電話 |
|---|---|
| (公財)日本無線協会　本部 | (03) 3533-6022 |
| (公財)日本無線協会　北海道支部 | (011) 271-6060 |
| (公財)日本無線協会　東北支部 | (022) 265-0575 |
| (公財)日本無線協会　信越支部 | (026) 234-1377 |
| (公財)日本無線協会　北陸支部 | (076) 222-7121 |
| (公財)日本無線協会　東海支部 | (052) 908-2589 |
| (公財)日本無線協会　近畿支部 | (06) 6942-0420 |
| (公財)日本無線協会　中国支部 | (082) 227-5253 |
| (公財)日本無線協会　四国支部 | (089) 946-4431 |
| (公財)日本無線協会　九州支部 | (096) 356-7902 |
| (公財)日本無線協会　沖縄支部 | (098) 840-1816 |

ホームページのアドレス　https://www.nichimu.or.jp/

## 無線従事者免許の申請

　国家試験に合格したときは，無線従事者免許を申請します．定められた様式の申請書に必要事項を記入し，添付書類，免許証返信用封筒（切手貼付）を管轄の総合通信局等に提出（郵送）してください．申請書は総務省の電波利用ホームページより，ダウンロードできますので，これを印刷して使用します．

　添付書類等は次のとおりです．
(ア) 氏名及び生年月日を証する書類（住民票の写しなど．ただし，申請書に住民票コードまたは現に有する無線従事者の免許の番号などを記載すれば添付しなくてもよい．）
(イ) 手数料（収入印紙を申請書に貼付する．）
(ウ) 写真1枚（縦30mm×横24mm．申請書に貼付する．）
(エ) 返信先（住所，氏名等）を記載し，切手を貼付した免許証返信用封筒（免許証の郵送を希望する場合のみ）

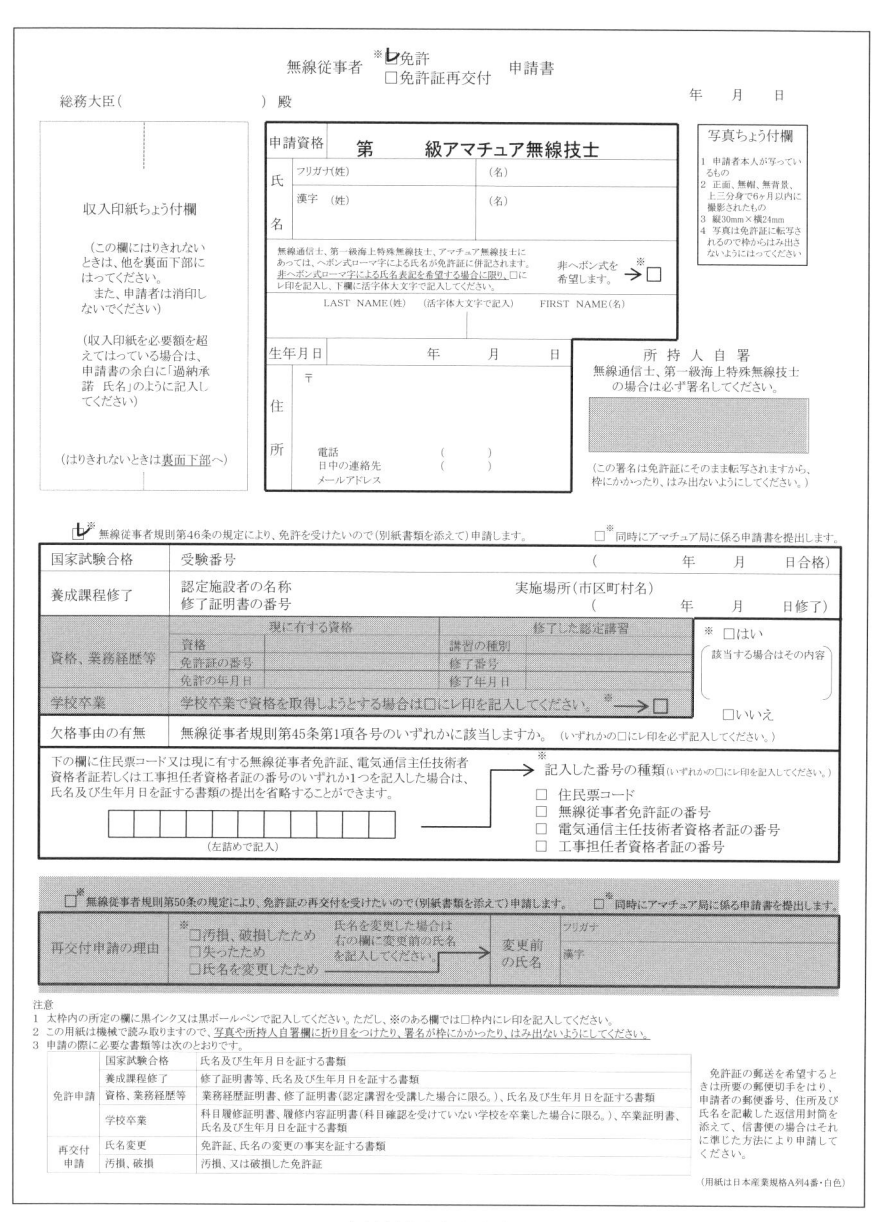

# 無線従事者免許申請書

無線従事者 ※☑免許／□免許証再交付 申請書

総務大臣( )殿　　　　　　年　月　日

**申請資格**：第　　級アマチュア無線技士

氏名
- フリガナ（姓）（名）
- 漢字（姓）（名）

無線通信士、第一級海上特殊無線技士、アマチュア無線技士にあっては、ヘボン式ローマ字による氏名が免許証に併記されます。
非ヘボン式ローマ字による氏名表記を希望する場合に限り、□にレ印を記入し、下欄に活字体大文字で記入してください。

LAST NAME（姓）　　　FIRST NAME（名）（活字体大文字で記入）

非ヘボン式を希望します。→□

生年月日　　年　月　日

住所
〒
電話
日中の連絡先（　　）
メールアドレス

**写真ちょう付欄**
1. 申請者本人が写っているもの
2. 正面、無帽、無背景、上三分身で6か月以内に撮影されたもの
3. 縦30mm×横24mm
4. 写真は免許証に転写されるので枠からはみ出ないようにしてください

**収入印紙ちょう付欄**
（この欄にはりきれないときは、他を裏面下部にはってください。また、申請者は消印しないでください）
（収入印紙を必要額を超えてはっている場合は、申請書の余白に「過納承諾　氏名」のように記入してください）
（はりきれないときは裏面下部へ）

**所持人自署**
無線通信士、第一級海上特殊無線技士の場合は必ず署名してください。
（この署名は免許証にそのまま転写されますから、枠にかかったり、はみ出ないようにしてください。）

☑ 無線従事者規則第46条の規定により、免許を受けたいので（別紙書類を添えて）申請します。　※□ 同時にアマチュア局に係る申請書を提出します。

| 国家試験合格 | 受験番号　　　　　　　　　（　　　年　月　日合格） |
|---|---|
| 養成課程修了 | 認定施設者の名称　　　実施場所（市区町村名）<br>修了証明書の番号　　　　　　　　　年　月　日修了 |
| 資格、業務経歴等 | 現に有する資格／修了した認定講習<br>資格／講習の種別<br>免許証の番号／修了の番号<br>免許の年月日／修了年月日 |
| 学校卒業 | 学校卒業で資格を取得しようとする場合は□にレ印を記入してください。→□ |
| 欠格事由の有無 | 無線従事者規則第45条第1項各号のいずれかに該当しますか。（いずれかの□にレ印を必ず記入してください。） |

※ □はい　該当する場合はその内容　□いいえ

下の欄に住民票コード又は現に有する無線従事者免許証、電気通信主任技術者資格者証若しくは工事担任者資格者証の番号のいずれか一つを記入した場合は、氏名及び生年月日を証する書類の提出を省略することができます。

|　|　|　|　|　|　|　|　|　|　|　|
|---|---|---|---|---|---|---|---|---|---|---|
（左詰めで記入）

記入した番号の種類（いずれかの□にレ印を記入してください。）
- □ 住民票コード
- □ 無線従事者免許証の番号
- □ 電気通信主任技術者資格者証の番号
- □ 工事担任者資格者証の番号

※□ 無線従事者規則第50条の規定により、免許証の再交付を受けたいので（別紙書類を添えて）申請します。　※□ 同時にアマチュア局に係る申請書を提出します。

| 再交付申請の理由 | ※□汚損、破損したため<br>□失ったため<br>□氏名を変更したため | 氏名を変更した場合は右の欄に変更前の氏名を記入してください。→ | 変更前の氏名 | フリガナ<br>漢字 |
|---|---|---|---|---|

**注意**
1. 太枠内の所定の欄に黒インク又は黒ボールペンで記入してください。ただし、※のある欄では□枠内にレ印を記入してください。
2. この用紙は機械で読み取りますので、写真や所持人自署欄にきちんと折り目をつけたり、署名が枠にかかったり、はみ出ないようにしてください。
3. 申請の際に必要な書類等は次のとおりです。

| | | |
|---|---|---|
| 免許申請 | 国家試験合格 | 氏名及び生年月日を証する書類 |
| | 養成課程修了 | 修了証明書等、氏名及び生年月日を証する書類 |
| | 資格、業務経歴等 | 業務経歴証明書、修了証明書（認定講習を受講した場合に限る。）、氏名及び生年月日を証する書類 |
| | 学校卒業 | 科目履修証明書、履修内容証明書（科目確認を受けていない学校を卒業した場合に限る。）、卒業証明書、氏名及び生年月日を証する書類 |
| 再交付申請 | 氏名変更 | 免許証、氏名の変更の事実を証する書類 |
| | 汚損、破損 | 汚損、又は破損した免許証 |

免許証の郵送を希望するときは所要の郵便切手をはり、あて先の郵便番号、住所及び氏名を記載した返信用封筒を添えて、信書便の場合はそれに準じた方法により申請してください。

（用紙は日本産業規格A列4番・白色）

無線従事者免許申請書

10

総合通信局等の所在地

| 総合通信局等 | 所在地 | 電話 |
| --- | --- | --- |
| 北海道総合通信局 | 〒060-8795　北海道札幌市北区北8条西2-1-1<br>　　　　　　札幌第1合同庁舎 | 011-709-2311<br>（内線4615） |
| 東北総合通信局 | 〒980-8795　宮城県仙台市青葉区本町3-2-23<br>　　　　　　仙台第2合同庁舎 | 022-221-0666 |
| 関東総合通信局 | 〒102-8795　東京都千代田区九段南1-2-1<br>　　　　　　九段第3合同庁舎 | 03-6238-1749 |
| 信越総合通信局 | 〒380-8795　長野県長野市旭町1108　長野第1合同庁舎 | 026-234-9967 |
| 北陸総合通信局 | 〒920-8795　石川県金沢市広坂2-2-60<br>　　　　　　金沢広坂合同庁舎 | 076-233-4461 |
| 東海総合通信局 | 〒461-8795　愛知県名古屋市東区白壁1-15-1<br>　　　　　　名古屋合同庁舎第3号館 | 052-971-9186 |
| 近畿総合通信局 | 〒540-8795　大阪府大阪市中央区大手前1-5-44<br>　　　　　　大阪合同庁舎第1号館 | 06-6942-8550 |
| 中国総合通信局 | 〒730-8795　広島県広島市中区東白島町19-36 | 082-222-3353 |
| 四国総合通信局 | 〒790-8795　愛媛県松山市味酒町2-14-4 | 089-936-5013 |
| 九州総合通信局 | 〒860-8795　熊本県熊本市西区春日2-10-1 | 096-326-7846 |
| 沖縄総合通信事務所 | 〒900-8795　沖縄県那覇市おもろまち2-1-1<br>　　　　　　那覇第2地方合同庁舎3号館4階 | 098-865-2315 |

## チェックボックスの使い方

問題には，下の図のようなチェックボックスが設けられています．

```
                                  完璧チェックボックス
               正解チェックボックス
[問 100]  [解説あり!]        正解 □ 完璧 □   直前CHECK □
                                  直前チェックボックス
```

**正解チェックボックス**

まず，一通りすべての問題を解いてみて，正解した問題は正解チェックボックスにチェックをします．このとき，あやふやな理解で正解したとしてもチェックしておきます．

**完璧チェックボックス**

すべての問題の正解チェックが済んだら，次にもう一度すべての問題に解答します．今度は，問題および解説の内容を完全に理解したら，完璧チェックボックスにチェックをします．

**直前チェックボックス**

すべての完璧チェックができたら，ほぼこの問題集はマスターしたことになりますが，試験の直前に確認しておきたい問題，たとえば計算に公式を使ったものや専門的な用語，法規の表現などで間違いやすいものがあれば，直前チェックボックスにチェックをしておきます．そして，試験会場での試験直前の見直しに利用します．

直前に何を見直すかの内容，あるいは重要度などに対応したチェックの種類や色を自分で決めて，下のチェック表に記入してください．試験直前に，チェックの種類を確認して見直しをすることができます．

（例）

| ◨ | 重要な公式 | ◨ | 重要な用語 |
|---|---|---|---|
| □ |  | □ |  |
| □ |  | □ |  |

### 問 1

図に示す正弦波交流において，周期と振幅との組合せで，正しいのはどれか．

|   | 周期 | 振幅 |
|---|---|---|
| 1 | A | C |
| 2 | B | C |
| 3 | A | D |
| 4 | B | D |

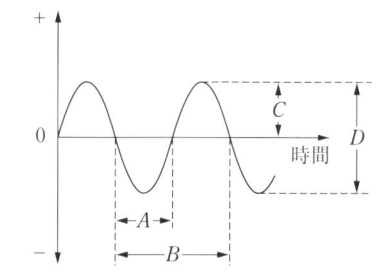

### 問 2

最大値が140〔V〕の正弦波交流電圧の実効値は，ほぼ何ボルトか．

1　280〔V〕　　2　200〔V〕　　3　100〔V〕　　4　70〔V〕

### 問 3

高圧電気の絶縁に用いられるものは，次のうちどれか．

1　鉛
2　磁器
3　ゲルマニウム
4　シリコン

### 問 4

コイルに電流を流すとコイルの周囲に磁界が発生する．この磁界を強くする方法で誤っているのは次のうちどれか．

1　コイルの巻数を多くする．
2　コイルに流れる電流を大きくする．
3　コイルの断面積を大きくする．
4　コイルの中に軟鉄心を入れる．

## 📖 解説 → 問1

正弦波交流は，時間とともに電圧や電流の大きさが解説図のように変化する．図の交流波形はaからcまでの状態を繰り返す．このときaからcまでの時間を周期という．

正または負に変化する交流電圧の最大値のことを振幅という．

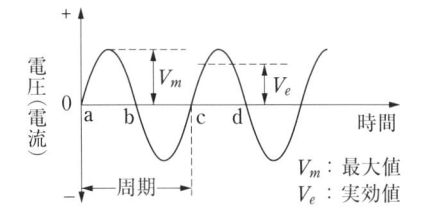

bからdまでの時間も同じ周期

$V_m$：最大値
$V_e$：実効値

**関連知識**：周期を$T$〔s〕（秒）とすると，周波数$f$〔Hz〕（ヘルツ）は次式で表される．

$$f = \frac{1}{T} \text{〔Hz〕}$$

## 📖 解説 → 問2

最大値を$V_m$〔V〕とすると，正弦波交流電圧の実効値$V_e$〔V〕は，次式で表される．

$$V_e ≒ 0.7 \times V_m = 0.7 \times 140 = 98 ≒ 100 \text{〔V〕}$$

$\frac{1}{\sqrt{2}} ≒ 0.7$

## 📖 解説 → 問3

磁器は電気を通しにくい絶縁体．ほかに油，空気等がある．
電気を通しやすい導体には，鉛のほかに，銀，銅，アルミニウム等の金属がある．
ゲルマニウムとシリコンは半導体．導体と絶縁体の中間の電気が通りやすい特性．

## 📖 解説 → 問4

解説図のようなコイルに電流を流すと周囲に磁界が発生する．磁界を強くするには，巻数を大きくする，電流を大きくする，コイルの断面積を小さくする，コイルの中に軟鉄心を入れる方法がある．

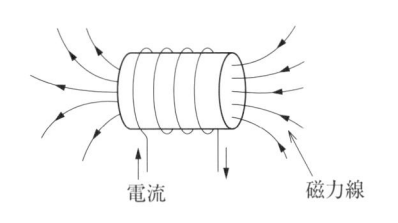

電流　磁力線

**解答**　問1→2　問2→3　問3→2　問4→3

## 問 5

電磁石において，コイルの巻き方向及び電池の極性を図に示すとおりとしたとき，磁石の両端a及びbと極性の組合せで，正しいのは次のうちどれか．

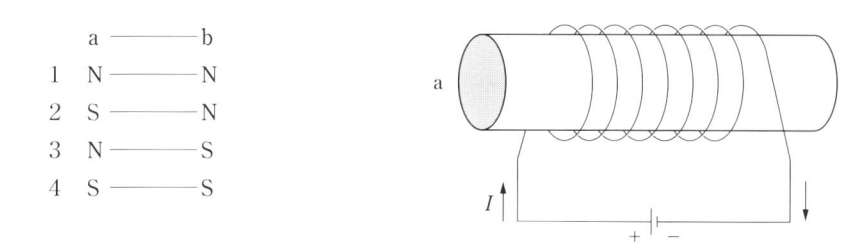

```
    a ——— b
1   N     N
2   S     N
3   N     S
4   S     S
```

## 問 6

図に示すように，2本の軟鉄棒（AとB）にそれぞれ同一方向にコイルを巻き，2個が直線状になるようにつるしてスイッチSを閉じると，AとBはどのようになるか．

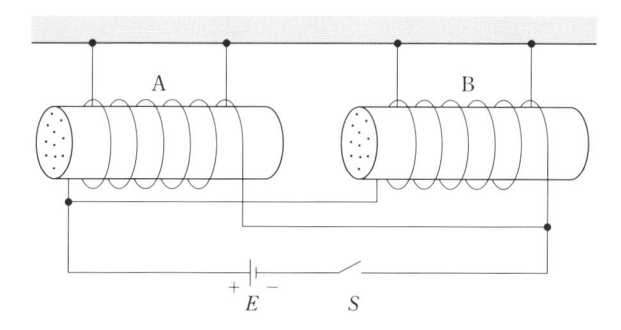

1 互いに引き付け合う．
2 引き付けあったり離れたりする．
3 特に変化しない．
4 互いに反発し合う．

## 解説 → 問5

解説図のように右ねじの法則をあてはめる．電流の向きをねじの回転する向きとすると，ねじが進む向きはaからbの方向になる．したがって，磁力線はbから飛出す向きとなるのでbがN極，aがS極になる．

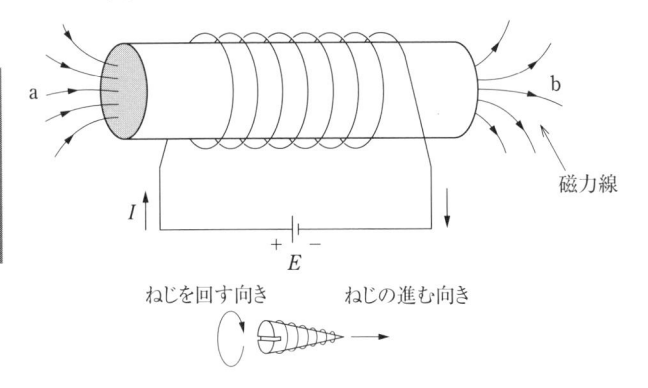

> 右ねじの法則は，回転磁力線(磁界)と電流の向き．あるいは，回転電流と磁力線(磁界)の向きを表す

## 解説 → 問6

同じ向きに電流が流れるので磁極の向きも同じ向きになる．したがって，解説図のように右ねじの法則をあてはめれば，それぞれのコイルの右側がN極になる．このとき，たがいに向かい合った磁極は，AがN極，BがS極の反対の極性となり引き合う．

> 同じ種類の磁極は反発，異なる種類の磁極は引き合う

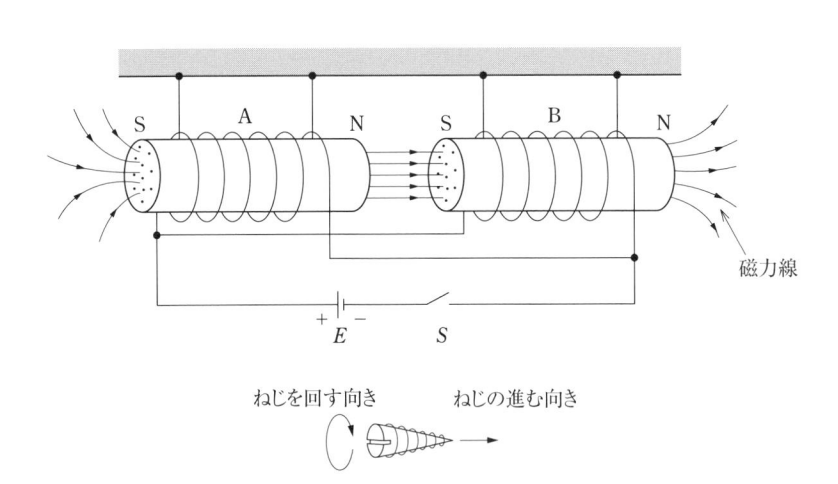

**解答** 問5→2　問6→1

## 問 7

図に示すように,磁極の間に置いた導体に紙面の表から裏へ向かって電流が流れたとき,磁極N,Sによる磁力線の方向と導体の受ける力の方向との組合せで,正しいのはどれか.

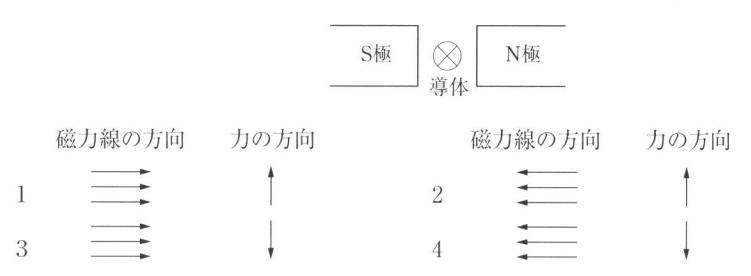

```
         ┌─────┐  ⊗  ┌─────┐
         │ S極 │ 導体 │ N極 │
         └─────┘     └─────┘
```

|   | 磁力線の方向 | 力の方向 |   | 磁力線の方向 | 力の方向 |
|---|---|---|---|---|---|
| 1 | → | ↑ | 2 | ← | ↑ |
| 3 | → | ↓ | 4 | ← | ↓ |

## 問 8

図に示すように,磁極の間に置いた導体に紙面の裏から表の方向へ向かって電流が流れたとき,磁極N,Sによる磁力線の方向と導体の受ける力の方向との組合せで,正しいのはどれか.

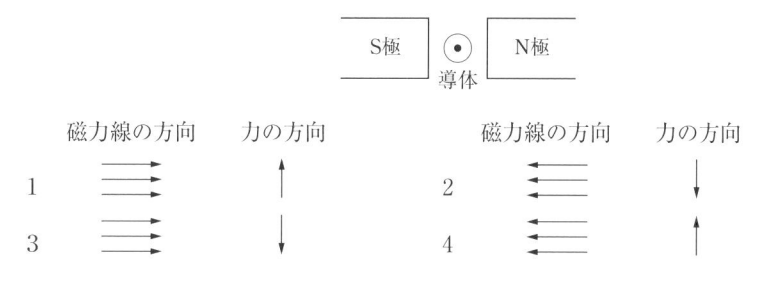

```
         ┌─────┐  ⊙  ┌─────┐
         │ S極 │ 導体 │ N極 │
         └─────┘     └─────┘
```

|   | 磁力線の方向 | 力の方向 |   | 磁力線の方向 | 力の方向 |
|---|---|---|---|---|---|
| 1 | → | ↑ | 2 | ← | ↓ |
| 3 | → | ↓ | 4 | ← | ↑ |

## 問 9

インダクタンスの単位を表すものは,次のうちどれか.

1 オーム($\Omega$)
2 ファラド(F)
3 ヘンリー(H)
4 アンペア(A)

## 解説 → 問7

フレミングの左手の法則をあてはめる．解説図のように左手の親指，人さし指，中指をたがいに直角に開く．人さし指を磁力線の方向（N極からS極の方向），中指を電流の方向に向けると，親指が力の方向を示して上のほうを向く．

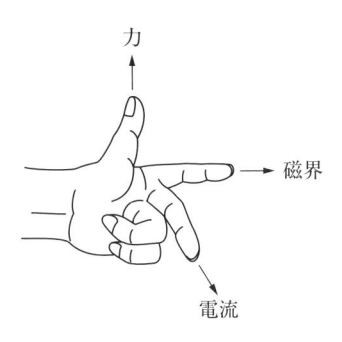

> 長い中指から順番に，
> 電・磁・力と覚える

## 解説 → 問8

問7と電流の向きが反対なので，力の向きも反対になる．

> 磁力線の向きは，
> N極からS極を向く

## 解説 → 問9

コイルのインダクタンスを表す単位は，ヘンリー（記号：H）．
抵抗とリアクタンスを表す単位は，オーム（記号：Ω）．
コンデンサの静電容量を表す単位は，ファラド（記号：F）．
電流を表す単位は，アンペア（記号：A）．

**解答** 問7→2　問8→2　問9→3

## 問 10

コイルの中に磁性体を入れると，その自己インダクタンスはどうなるか．

1　小さくなる
2　大きくなる
3　変わらない
4　不安定となる

## 問 11

図に示す回路において，端子a, b間の合成抵抗は幾らか．

1　5〔Ω〕
2　10〔Ω〕
3　15〔Ω〕
4　20〔Ω〕

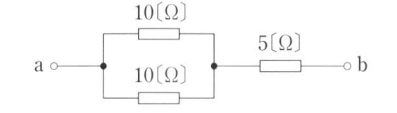

## 問 12

図に示す回路において，端子a, b間の合成抵抗は幾らか．

1　10〔Ω〕
2　15〔Ω〕
3　25〔Ω〕
4　45〔Ω〕

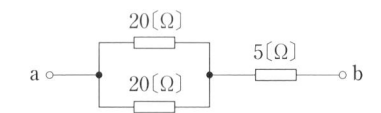

## 問 13

電圧，電流及び抵抗の関係を表す式で正しいのはどれか．

1　電圧 = $\dfrac{電流}{抵抗}$　　2　電圧 = $\dfrac{抵抗}{電流}$　　3　電流 = $\dfrac{抵抗}{電圧}$　　4　電流 = $\dfrac{電圧}{抵抗}$

## 解説 ➡ 問10

コイルの自己インダクタンスは，コイルに電流を流したときに発生する磁力線に比例する．コイルの中に鉄心等の磁性体を入れると自己インダクタンスは大きくなる．

## 解説 ➡ 問11

$10\,[\Omega]$ の同じ値の抵抗が二つ並列接続された合成抵抗 $R_P\,[\Omega]$ は，

$$R_P = \frac{10}{2} = 5\,[\Omega]$$

$R_P$ と $5\,[\Omega]$ の直列合成抵抗 $R_S\,[\Omega]$ は，

$R_S = R_P + 5 = 5 + 5 = 10\,[\Omega]$

> 抵抗 $R_1\,[\Omega]$ と $R_2\,[\Omega]$ を直列接続したときの合成抵抗 $R_S\,[\Omega]$ は，
> $R_S = R_1 + R_2\,[\Omega]$

## 解説 ➡ 問12

$20\,[\Omega]$ の同じ値の抵抗が二つ並列接続された合成抵抗 $R_P\,[\Omega]$ は $10\,[\Omega]$ だから，$R_P$ と $5\,[\Omega]$ の直列合成抵抗 $R_S\,[\Omega]$ は，次式で表される．

$R_S = R_P + 5 = 10 + 5 = 15\,[\Omega]$

> 抵抗 $R_1\,[\Omega]$ と $R_2\,[\Omega]$ を並列接続したときの合成抵抗 $R_P\,[\Omega]$ は，
> $R_P = \dfrac{R_1 \times R_2}{R_1 + R_2}$
> $R_1$ と $R_2$ が同じときは，$R_P$ は $R_1$ の $1/2$ となる

## 解説 ➡ 問13

電圧 $V\,[\mathrm{V}]$，電流 $I\,[\mathrm{A}]$，抵抗 $R\,[\Omega]$ より，オームの法則は，

$I = \dfrac{V}{R}\,[\mathrm{A}]$

$V = R \times I\,[\mathrm{V}]$

$R = \dfrac{V}{I}\,[\Omega]$

> 電流 $= \dfrac{電圧}{抵抗}$
> 電圧と電流は比例する．抵抗が大きいと電流は小さい

**解答** 問10➡2　問11➡2　問12➡2　問13➡4

## 問 14

図に示す回路において，抵抗Rの値を2倍にすると，回路に流れる電流 $I$ は，元の値の何倍になるか．

1　1/2倍
2　1倍
3　2倍
4　4倍

## 問 15

図に示す回路において，抵抗Rの値を1/2倍にすると，回路に流れる電流 $I$ は，元の値の何倍になるか．

1　1/2倍
2　1倍
3　2倍
4　4倍

## 問 16

図に示す回路において，端子ab間の電圧の値で，正しいのはどれか．

1　50〔V〕
2　75〔V〕
3　100〔V〕
4　150〔V〕

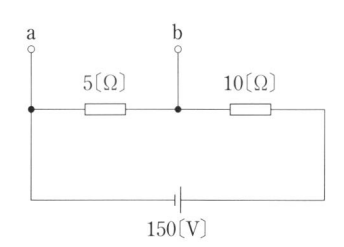

## 解説 ➡ 問14

$R$ の値を $2 \times R$ にすると,オームの法則より,

$$I = \frac{E}{2 \times R} = \frac{1}{2} \times \frac{E}{R}$$

したがって,電流の値は元の値の1/2倍になる.

> 抵抗と電流は反比例する.
> 抵抗が2倍になったので,
> 電流は1/2倍になる

## 解説 ➡ 問15

$R$ の値を $\frac{R}{2}$ にすると,オームの法則より,

$$I = \frac{E}{\frac{R}{2}} = \frac{E \times 2}{\frac{R}{2} \times 2} = 2 \times \frac{E}{R}$$

> 抵抗と電流は反比例する.
> 抵抗が1/2倍になったので,
> 電流は2倍になる

したがって,電流の値は元の値の2倍になる.

## 解説 ➡ 問16

電源電圧を $E$ [V],合成抵抗を $R_S$ [Ω] とすると,回路を流れる電流 $I$ [A] は,次式で表される.

$$I = \frac{E}{R_S} = \frac{150}{5+10} = \frac{150}{15} = 10 \text{ [A]}$$

端子ab間の抵抗を $R_{ab}$ [Ω] とすると,端子ab間の電圧 $V$ [V] は,

$V = R_{ab} \times I = 5 \times 10 = 50$ [V]

次のように求めてもよい.

直列接続された抵抗に加わる電圧は抵抗の比に等しいので,抵抗の比が5 [Ω] 対10 [Ω] だから,電圧の比は50 [V] 対100 [V] となる.

> 直列接続の抵抗の比と電圧の比は同じ

**解答** 問14➡1  問15➡3  問16➡1

## 問 17

図に示す回路において、端子ab間の電圧の値で、正しいのはどれか.

1　150〔V〕
2　100〔V〕
3　 75〔V〕
4　 50〔V〕

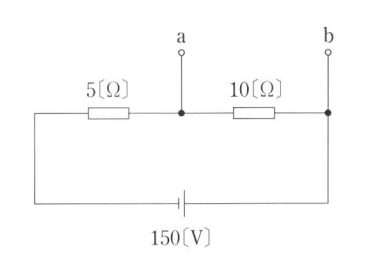

## 問 18

図に示す回路において、端子ab間の電圧は幾らか.

1　10〔V〕
2　20〔V〕
3　30〔V〕
4　40〔V〕

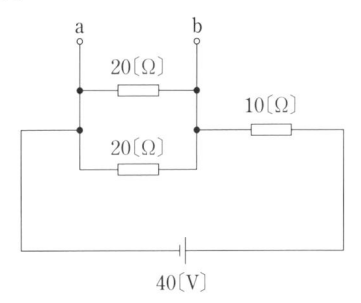

## 問 19

4〔Ω〕の抵抗に直流電圧を加えたところ、100〔W〕の電力が消費された. 抵抗に加えられた電圧は幾らか.

1　0.2〔V〕　　2　5〔V〕　　3　20〔V〕　　4　400〔V〕

## 問 20

直流電源100〔V〕で動作する消費電力500〔W〕の負荷の電気抵抗は、何オームか.

1　5〔Ω〕　　2　20〔Ω〕　　3　25〔Ω〕　　4　50〔Ω〕

## 📖 解説 ➡ 問17

問16と同様にして，

$I = \dfrac{E}{R_S} = \dfrac{150}{5+10} = \dfrac{150}{15} = 10 \text{〔A〕}$

$V = R_{ab} \times I = 10 \times 10 = 100 \text{〔V〕}$

> 直列接続の抵抗の比が5〔Ω〕対10〔Ω〕だから，電圧の比は50〔V〕対100〔V〕

## 📖 解説 ➡ 問18

ab間の抵抗$R_{ab}$〔Ω〕は同じ値の並列接続だから，

$R_{ab} = \dfrac{20}{2} = 10 \text{〔Ω〕}$

電源電圧を$E$〔V〕，全合成抵抗を$R_S$〔Ω〕とすると，回路を流れる電流$I$〔A〕は，

$I = \dfrac{E}{R_S} = \dfrac{40}{R_{ab}+10} = \dfrac{40}{10+10} = \dfrac{40}{20} = 2 \text{〔A〕}$

ab間の電圧$V$〔V〕は，

$V = R_{ab} \times I = 10 \times 2 = 20 \text{〔V〕}$

抵抗の値が同じ10〔Ω〕となるので，ab間の電圧は電源電圧の1/2の20〔V〕となる．

## 📖 解説 ➡ 問19

電圧を$V$〔V〕，抵抗を$R$〔Ω〕とすると，消費された電力$P$〔W〕は次式で表される．

$P = \dfrac{V^2}{R}$

したがって，

$V = \sqrt{R \times P} = \sqrt{4 \times 100} = \sqrt{400} = \sqrt{20 \times 20} = 20 \text{〔V〕}$

> ある二つの同じ数を掛けると，$a$になる数を$\sqrt{a}$で表す

## 📖 解説 ➡ 問20

問19と同様にして，

$R = \dfrac{V^2}{P} = \dfrac{100 \times 100}{500} = \dfrac{100}{5} = 20 \text{〔Ω〕}$

> $P = V \times I$
> $P = R \times I^2$
> $P = \dfrac{V^2}{R}$

**解答** 問17➡2　問18➡2　問19➡3　問20➡2

## 問 21

図に示す回路において，電圧 $E$ を4倍にすると，抵抗 $R$ で消費される電力は，元の値の何倍になるか．

1　16倍
2　8倍
3　4倍
4　2倍

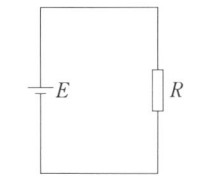

## 問 22

図に示す回路の端子ab間の合成静電容量は，幾らになるか．

1　10 $[\mu F]$
2　12 $[\mu F]$
3　30 $[\mu F]$
4　50 $[\mu F]$

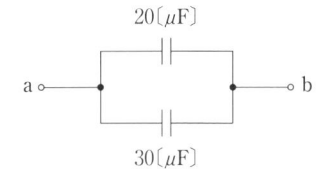

## 問 23

図に示す回路の端子ab間の合成静電容量は，次のうちどれか．

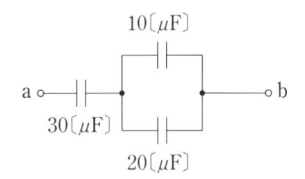

1　10 $[\mu F]$
2　15 $[\mu F]$
3　20 $[\mu F]$
4　30 $[\mu F]$

## 問 24

次のうち，単位としてオーム（Ω）を用いるのはどれか．

1　静電容量
2　コンダクタンス
3　インダクタンス
4　リアクタンス

## 📖 解説 ➜ 問21

$E$ の値を $4 \times E$ にすると，電力 $P$ 〔W〕は，次式で表される．

$$P = \frac{(4 \times E)^2}{R} = \frac{4^2 \times E^2}{R} = 16 \times \frac{E^2}{R}$$

したがって，電力の値は元の値の16倍になる．

## 📖 解説 ➜ 問22

コンデンサの並列接続だから，合成静電容量 $C_P$ 〔μF〕は次式で表される．

$C_P = 20 + 30 = 50$ 〔μF〕

$μ$ は $10^{-6}$ を表す（$1$〔μF〕$= 1 \times 10^{-6}$〔F〕$= 0.000001$〔F〕）．

> 静電容量 $C_1$〔μF〕と $C_2$〔μF〕を並列接続したときの合成静電容量 $C_P$〔μF〕は，$C_P = C_1 + C_2$〔μF〕

## 📖 解説 ➜ 問23

$10$〔μF〕と $20$〔μF〕のコンデンサの並列合成静電容量 $C_P$〔μF〕は，次式で表される．

$C_P = 10 + 20 = 30$ 〔μF〕

二つの $30$〔μF〕のコンデンサの直列合成静電容量 $C_S$〔μF〕は，次式で表される．

$$C_S = \frac{30}{2} = 15 \,〔μF〕$$

> 静電容量 $C_1$〔μF〕と $C_2$〔μF〕を直列接続したときの合成静電容量 $C_S$〔μF〕は，
> $$C_S = \frac{C_1 \times C_2}{C_1 + C_2}$$
> $C_1$ と $C_2$ が同じときは，$C_S$ は $C_1$ の $1/2$ となる

## 📖 解説 ➜ 問24

リアクタンスを表す単位は，抵抗と同じでオーム（記号：$\Omega$）．
リアクタンスはコイルやコンデンサが交流電流を妨げる大きさを表す．
静電容量を表す単位は，ファラド（記号：F）．
コンダクタンスを表す単位は，ジーメンス（記号：S）．
インダクタンスを表す単位は，ヘンリー（記号：H）．

---

**解答** 問21➜1　問22➜4　問23➜2　問24➜4

### 問 25

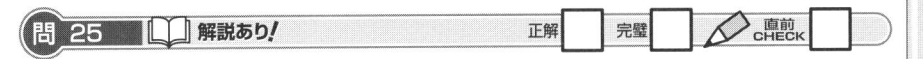

次の組合せは，コイル及びコンデンサのリアクタンスと周波数との比例関係を示すものである．正しいのはどれか．

|   | コイルのリアクタンスと周波数 | コンデンサのリアクタンスと周波数 |
|---|---|---|
| 1 | 正比例 | 正比例 |
| 2 | 反比例 | 正比例 |
| 3 | 正比例 | 反比例 |
| 4 | 反比例 | 反比例 |

### 問 26

図に示す回路において，コイルのリアクタンスの値で，最も近いのは次のうちどれか．

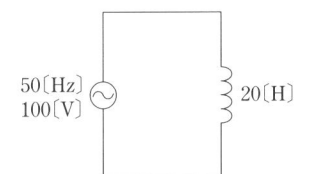

1　628 〔Ω〕
2　3.14 〔kΩ〕
3　6.28 〔kΩ〕
4　9.42 〔kΩ〕

50〔Hz〕
100〔V〕
20〔H〕

### 問 27

図に示す回路に流れる電流 $i$ の値で，最も近いのは次のうちどれか．

1　0.3 〔mA〕
2　3 〔mA〕
3　30 〔mA〕
4　300 〔mA〕

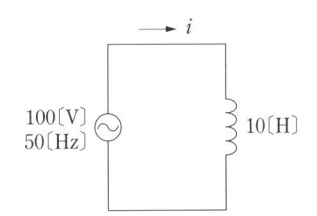

100〔V〕
50〔Hz〕
10〔H〕

## 解説 → 問25

コイルのインダクタンスを $L$ [H], 周波数を $f$ [Hz] とするとコイルのリアクタンス $X_L$ [Ω] は, 次式で表されるので周波数に正比例する.

$$X_L = 2\pi f L$$

コンデンサの静電容量を $C$ [F] とするとコンデンサのリアクタンス $X_C$ [Ω] は, 次式で表されるので周波数に反比例する.

$$X_C = \frac{1}{2\pi f C}$$

## 解説 → 問26

コイルのインダクタンスを $L$ [H], 周波数を $f$ [Hz] とすると, コイルのリアクタンス $X_L$ [Ω] は, 次式で表される.

$X_L = 2\pi f L = 2 \times 3.14 \times 50 \times 20$
 $= 6,280$ [Ω] $= 6.28$ [kΩ]

> $\pi \fallingdotseq 3.14$
> $1$ [kΩ] $= 1,000$ [Ω]
> $\quad\quad = 10^3$ [Ω]

## 解説 → 問27

コイルのインダクタンスを $L$ [H], 周波数を $f$ [Hz] とすると, コイルのリアクタンス $X_L$ [Ω] は次式で表される.

$X_L = 2\pi f L = 2 \times 3.14 \times 50 \times 10 = 3,140$ [Ω]

電源電圧を $E$ [V] とすると, 回路を流れる電流 $i$ [A] は,

$$i = \frac{E}{X_L} = \frac{100}{X_L} = \frac{100}{3,140} \fallingdotseq 0.03 = 30 \times 10^{-3} \text{ [A]} = 30 \text{ [mA]}$$

m (ミリ) は「$10^{-3}$」を表す. $1$ [mA] $= 1 \times 10^{-3}$ [A] $= 0.001$ [A]

> $10^3$ は, 1の後にゼロが三つ, $10^{-3}$ は, 1の前にゼロが三つで小数点を付ける

**解答** 問25→3　問26→3　問27→3

## 問 28

図に示す回路において，コンデンサのリアクタンスの値で，最も近いのはどれか．

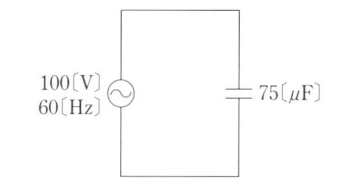

1　350〔Ω〕
2　180〔Ω〕
3　35〔Ω〕
4　18〔Ω〕

100〔V〕 60〔Hz〕　75〔μF〕

## 問 29

次の説明で誤っているのはどれか．

1　導線の抵抗が大きくなるほど，交流電流は流れにくくなる．
2　コイルのインダクタンスが大きくなるほど，交流電流は流れにくくなる．
3　コンデンサの静電容量が大きくなるほど，交流電流は流れにくくなる．
4　導線の断面積が小さくなるほど，交流電流は流れにくくなる．

## 問 30

図に示す並列共振回路において，インピーダンスを $Z$，電流を $i$ としたとき，共振時にこれらの値はどのようになるか．

　　$Z$　　　$i$
1　最大　　最大
2　最大　　最小
3　最小　　最小
4　最小　　最大

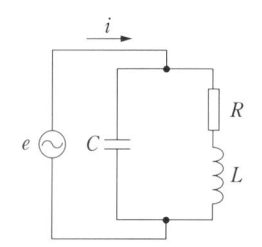

## 解説 → 問28

電源の周波数を $f$〔Hz〕, コンデンサの静電容量を $C$〔F〕とすると, コンデンサのリアクタンス $X_C$〔Ω〕は次式で表される.

$$X_C = \frac{1}{2\pi fC} \fallingdotseq \frac{0.16}{fC} = \frac{0.16}{60 \times 75 \times 10^{-6}} = \frac{0.16 \times 10^6}{4,500}$$

$$= \frac{160,000}{4,500} = \frac{1,600}{45} \fallingdotseq 35 \ [\Omega]$$

ここで, $\frac{1}{2\pi} \fallingdotseq 0.16$ を覚えておくと計算が楽になる.

$\mu$（マイクロ）は, 指数で表すと $10^{-6} = \frac{1}{1,000,000}$ となる.

$$\frac{1}{10^{-6}} = \frac{1 \times 10^6}{10^{-6} \times 10^6} = 10^6 = 1,000,000$$

指数の数字はゼロの数を表す.

## 解説 → 問29

次式で表されるように, コンデンサの静電容量 $C$〔F〕が大きくなるとリアクタンス $X_C$〔Ω〕は小さくなる. リアクタンスが小さくなると, 電源電圧が $E$〔V〕のときの回路を流れる電流 $i$〔A〕は大きくなる.

$$X_C = \frac{1}{2\pi fC} \qquad i = \frac{E}{X_C}$$

## 解説 → 問30

コイルのリアクタンスは周波数に比例する. コンデンサのリアクタンスは周波数に反比例する. コイルとコンデンサを直列に接続した回路を直列共振回路, 並列に接続した回路を並列共振回路という. 並列共振回路の電源 $e$

抵抗とリアクタンスを合成した値をインピーダンスという

の周波数 $f$ を変化させていくと, ある周波数 $f_0$ のときに, コイルとコンデンサのリアクタンスの大きさが等しくなる. このときの周波数を共振周波数という. コイルとコンデンサでは逆向きに交流電流が流れるので, 並列共振回路に流れる電流 $i$ は最小になる. 電流が最小だから電流の流れにくさを表すインピーダンス $Z$ は最大になる.

**解答** 問28→3　問29→3　問30→2

## 問題

### 問 31 解説あり！　正解□　完璧□　直前CHECK□

半導体を用いた電子部品の周囲温度が上昇すると，どのような変化が起きるか．

1　半導体の抵抗が減少し，電流が減少する．
2　半導体の抵抗が増加し，電流が増加する．
3　半導体の抵抗が増加し，電流が減少する．
4　半導体の抵抗が減少し，電流が増加する．

### 問 32 解説あり！　正解□　完璧□　直前CHECK□

図に示すNPN形トランジスタの図記号において，電極aの名称は，次のうちどれか．

1　エミッタ
2　ベース
3　コレクタ
4　ゲート

### 問 33 解説あり！　正解□　完璧□　直前CHECK□

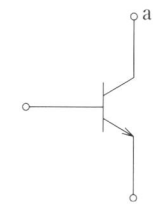

図に示す電界効果トランジスタ（FET）の図記号において，電極aの名称はどれか．

1　ドレイン
2　ゲート
3　コレクタ
4　ソース

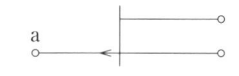

### 問 34 解説あり！　正解□　完璧□　直前CHECK□

電界効果トランジスタ（FET）の電極と一般の接合形トランジスタの電極との組合せで，その働きが対応しているのはどれか．

1　ドレイン　　ベース
2　ソース　　　エミッタ
3　ドレイン　　エミッタ
4　ソース　　　ベース

## 解説 → 問31

金属等の導体は温度が上昇すると抵抗値が大きくなる．半導体は温度が上昇すると抵抗値が減少する特徴がある．抵抗と電流は反比例するので，温度が上昇して半導体の抵抗が減少すると電流が増加する．

> **関連知識：** 純粋な半導体のゲルマニウムやシリコンにリンやアンチモン等の不純物を混ぜたものをN形半導体という．N形半導体の電気伝導は自由電子によって行われる．ホウ素やインジウムを混ぜたものはP形半導体という．P形半導体の電気伝導はホールによって行われる．

## 解説 → 問32

解説図にPNP形トランジスタとNPN形トランジスタの図記号と各電極の名称を示す．

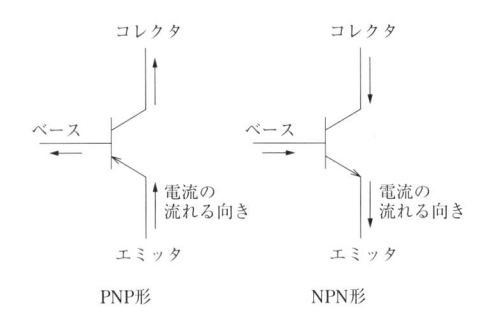

真ん中がベース，矢印がないのがコレクタ，矢印がエミッタ

## 解説 → 問33

解説図にPチャネル接合形FETの図記号と各電極の名称を示す．

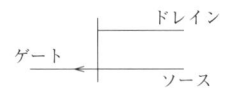

## 解説 → 問34

FETと接合形トランジスタの各電極の働きは，次のように対応する．

| FET | トランジスタ |
|---|---|
| ドレイン | コレクタ |
| ゲート | ベース |
| ソース | エミッタ |

**解答** 問31→4　問32→3　問33→2　問34→2

## 問35

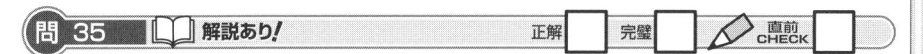

小さい振幅の信号を,より大きな振幅の信号にする回路は,次のうちどれか.

1 発振回路　　2 増幅回路　　3 変調回路　　4 検波回路

## 問36

次の文の□の部分に当てはまる字句の組合せは,下記のうちどれか.

小さい[ A ]の信号を,より大きな[ B ]の信号にする電子回路を増幅回路という.

|   | A | B |   | A | B |
|---|---|---|---|---|---|
| 1 | 周波数 | 振幅 | 2 | 振幅 | 周波数 |
| 3 | 周波数 | 周波数 | 4 | 振幅 | 振幅 |

## 問37

エミッタ接地トランジスタ増幅器において,コレクタ電圧を一定として,ベース電流を1〔mA〕から4〔mA〕に変えたところ,コレクタ電流が60〔mA〕から180〔mA〕に増加した.このトランジスタの電流増幅率は幾らか.

1 60　　　2 48　　　3 45　　　4 40

## 問38

図に示すトランジスタ増幅器(A級増幅器)において,ベース・エミッタ間と,コレクタ・エミッタ間に加える電源の極性の組合せで,正しいのは次のうちどれか.

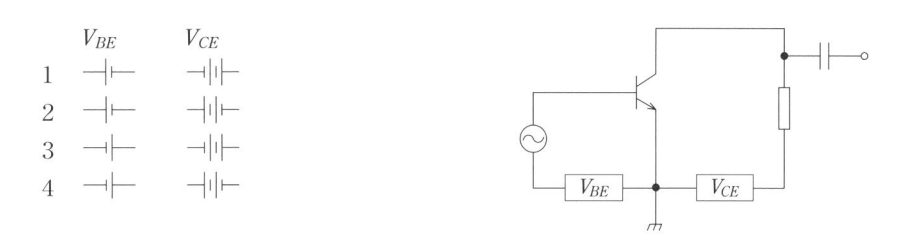

## 解説 ➔ 問35 ➔ 問36

振幅は信号波等の交流信号の最大電圧のこと．
小さい振幅の信号をより大きな振幅の信号にする回路は増幅回路．
電波の搬送波を発生する回路は発振回路．
電波の搬送波を音声又は音楽等の電気信号によって変化させる回路は変調回路．
変調された被変調波から音声等の信号波を取り出す回路は復調回路又は検波回路．

> 振幅は小さいか大きいで表す
> 周波数は高いか低いで表す

## 解説 ➔ 問37

電流増幅率は次式で表される．

$$電流増幅率 = \frac{コレクタ電流の変化分}{ベース電流の変化分} = \frac{180-60}{4-1} = \frac{120}{3} = 40$$

「m（ミリ）」は，$10^{-3}$ を表す．$1 [mA] = 1 \times 10^{-3} [A] = 0.001 [A]$

## 解説 ➔ 問38

電池の極性は長い方の記号が+である．ベース・エミッタ間は順方向電圧，コレクタ・エミッタ間は逆方向電圧を加える．トランジスタのベース・エミッタ間は矢印の方向に電流が流れるので，$V_{BE}$ はベース側が+の極性が順方向電圧である．ベース・コレクタ間もベースに+，コレクタに-の極性が順方向なので，逆方向電圧の $V_{CE}$ はコレクタが+の極性である．

**解答** 問35➔2  問36➔4  問37➔4  問38➔1

## 問 39

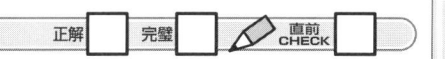

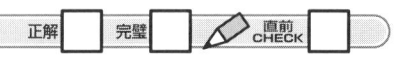

図は，トランジスタ増幅器の $V_{BE}-I_C$ 特性曲線の一例である．特性のP点を動作点とする増幅方式の名称として，正しいのは次のうちどれか．

1　A級増幅
2　B級増幅
3　C級増幅
4　AB級増幅

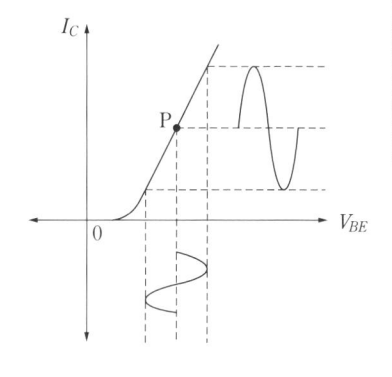

## 問 40

図は，トランジスタ増幅器の $V_{BE}-I_C$ 特性曲線の一例である．特性のP点を動作点とする増幅方式の名称として，正しいのは次のうちどれか．

1　A級増幅
2　B級増幅
3　C級増幅
4　AB級増幅

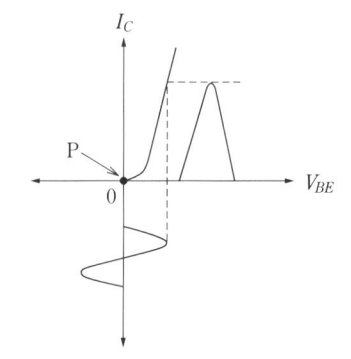

## 解説 → 問39 → 問40

トランジスタは，PN接合ダイオードと同じようにPNP又はNPN接合で構成されている．解説図 (a) のエミッタ接地増幅回路のトランジスタを流れる電流において，ベースからエミッタの方向に $i_B$ の電流が流れると，コレクタからエミッタの方向に増幅された電流 $i_C$ が流れる．

トランジスタ増幅回路で正負に極性が変化する交流信号電圧の負の半周期を増幅するには，解説図 (a) のように入力信号電圧に直流電圧を加えてベース電圧とする．このとき加える直流電圧 $V_B$ のことをバイアス電圧という．

また，図 (b) の点 $P_A$，$P_B$，$P_C$ のことを動作点という．この動作点の位置によって増幅回路はA級，B級，C級の3種類の動作がある．

A級増幅回路は，ベースとエミッタ間には順方向のバイアス電圧を加え，入力信号波形の全周期を増幅する．B級増幅回路は入力信号波形の正の半周期を増幅する．

> B級増幅を用いて，入力信号波形の全周期を増幅するには，正と負の周期を別々に増幅するプッシュプル増幅回路が用いられる

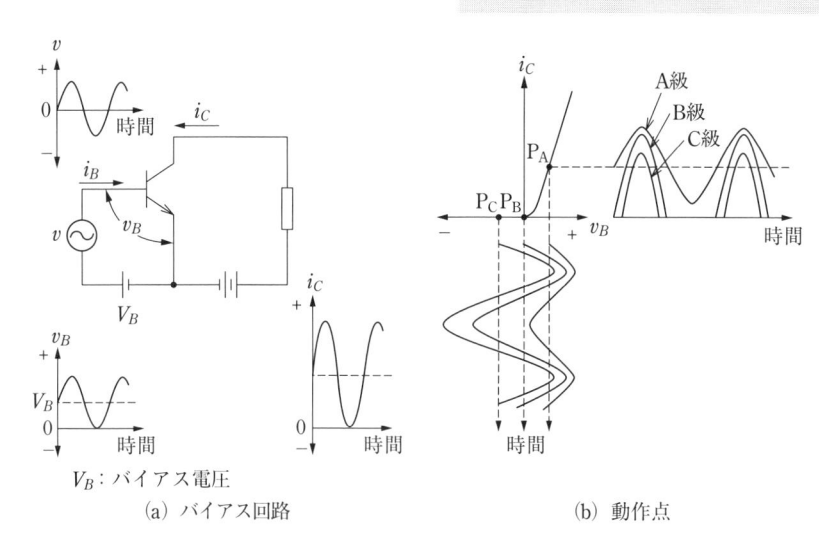

(a) バイアス回路　　(b) 動作点

$V_B$：バイアス電圧

**解答** 問39→1　問40→2

## 問 41

図は，トランジスタ増幅器の $V_{BE}-I_C$ 特性曲線の一例である．特性のP点を動作点とする増幅方式の名称として，正しいのは次のうちどれか．

1　A級増幅
2　B級増幅
3　C級増幅
4　AB級増幅

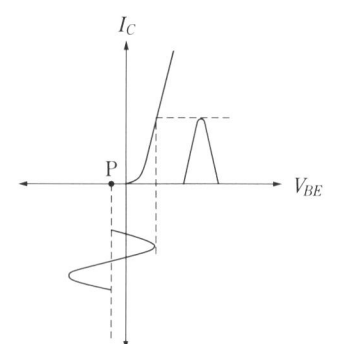

## 問 42

A級増幅器の特徴について述べているのは，次のうちどれか．

1　交流入力信号の無いとき，出力側に電流は流れない．
2　出力側の波形ひずみが大きい．
3　交流入力信号の無いときでも，常に出力側に電流が流れる．
4　A級以外の増幅器に比べて効率が良い．

## 問 43

エミッタ接地トランジスタ増幅器のA級増幅の特徴で，正しいのはどれか．

1　B級及びC級増幅に比べて増幅効率が良い．
2　コレクタ回路に流れるコレクタ電流の波形のひずみが大きい．
3　入力の有無にかかわらず，いつでもコレクタ電流が流れている．
4　ベース入力電圧の半周期だけ，コレクタ電流が流れる．

## 解説 → 問41

トランジスタ増幅回路のベース電圧$V_{BE}$に逆方向にバイアス電圧を加えている．入力信号波形の周期の一部が増幅されて，コレクタ電流$I_C$となるのでC級増幅である．

## 解説 → 問42

誤っている選択肢を正しくすると次のようになる．
1 交流信号の無いときでも，常に出力側に電流が流れる．
2 出力側の波形ひずみが小さい．
4 A級以外の増幅器に比べて効率が悪い．

> 増幅回路の出力波形が入力波形と異なることをひずみという

**関連知識：各級増幅回路の特徴**

| 動作点 | コレクタ電流 | 効率 | ひずみ | 用途 |
|---|---|---|---|---|
| A級 | 入力信号の無いときでも流れる | 悪い | 少ない | 低周波増幅，高周波増幅（小信号用） |
| B級 | 入力信号波形の半周期のみ流れる | 中位 | 中位 | 低周波増幅（プッシュプル用），高周波増幅 |
| C級 | 入力信号波形の一部の時間のみ流れる | 良い | 多い | 高周波増幅（周波数逓倍，電力増幅用） |

## 解説 → 問43

誤っている選択肢を正しくすると次のようになる．
1 B級及びC級増幅に比べて増幅効率が悪い．
2 コレクタ回路に流れるコレクタ電流の波形のひずみが小さい．
4 ベース入力電圧の全周期にコレクタ電流が流れる．

**解答** 問41→3　問42→3　問43→3

## 問 44

B級増幅器の特徴について述べているのは，次のうちどれか．

1　出力側の波形ひずみがない．
2　高周波増幅のときのみに使用される．
3　A級増幅よりも効率が良い．
4　入力信号の負の半周期のとき出力電流が流れる．

## 問 45

次の記述は，あるトランジスタ（NPN形）増幅器の動作について述べたものである．正しいのはどれか．

　　入力信号が正の半周期のとき，その一部の時間しかコレクタ電流が流れないので，他の増幅方式のものに比べて最も効率が良いが，ひずみは最も大きい．

1　A級増幅器　　2　B級増幅器　　3　AB級増幅器　　4　C級増幅器

## 問 46

A級，B級，AB級及びC級のうち，最も増幅効率の良いものは，どれか．

1　A級　　2　B級　　3　AB級　　4　C級

## 問 47

搬送波を発生する回路は，次のうちどれか．

1　発振回路　　2　増幅回路　　3　変調回路　　4　検波回路

## 解説 → 問44

誤っている選択肢を正しくすると次のようになる．
1 出力側のひずみが大きい．
2 高周波増幅と低周波増幅に使用される．
4 入力信号の正の半周期のとき出力電流が流れる．

## 解説 → 問45

C級増幅回路はトランジスタのベースに，負の逆方向バイアス電圧を加える．入力信号電圧が正の半周期のうち，一部の時間にバイアス電圧よりも大きくなるので，そのときコレクタ電流が流れる．

入力信号波形の一部の時間しかコレクタ電流が流れないので，他の増幅方式に比べて効率が良い．入力信号波形と出力信号波形は大きく異なるので，他の増幅方式に比べてひずみが大きい．

## 解説 → 問46

AB級増幅回路はB級増幅回路に少しバイアス電圧を加えて，A級増幅回路に近づける動作の増幅回路である．効率の良い順番に並べると次のようになる．
C級　B級　AB級　A級

## 解説 → 問47

搬送波を発生する回路は発振回路．

誤っている選択肢は，
2 小さい振幅の信号をより大きな振幅の信号にする回路は増幅回路．
3 電波の搬送波を音声又は音楽等の電気信号によって変化させる回路は変調回路．
4 変調された被変調波から音声等の信号波を取り出す回路は復調回路又は検波回路．

解答　問44→3　問45→4　問46→4　問47→1

# 問題

## 問 48

水晶発振器の周波数変動の原因として，最も関係の少ないものは，次のうちどれか．

1　発振器の負荷の変動
2　発振器の内部雑音の変動
3　発振器の電源電圧の変動
4　発振器の周囲温度の変化

## 問 49

水晶発振器（回路）の周波数変動を少なくするための方法として，誤っているものは次のうちどれか．

1　発振器の次段に緩衝増幅器を設ける．
2　発振器と後段との結合を密にする．
3　発振器の電源電圧の変動を少なくする．
4　発振器の周囲温度の変化を少なくする．

## 問 50

搬送波を，音声又は音楽等の電気信号によって変化させる回路は，次のうちどれか．

1　発振回路　　2　増幅回路　　3　変調回路　　4　検波回路

## 問 51

搬送波の振幅を，音声等の電気信号によって，変化させる働きは，次のうちどれか．

1　発振　　2　AM　　3　FM　　4　検波

## 問 52

搬送波の振幅を$A$，信号波の振幅を$B$としたとき，振幅変調度$M$を表す次の式の空欄に当てはまるものはどれか．

$$M = \frac{\boxed{\phantom{XX}}}{A} \times 100 \, [\%]$$

1　$A+B$　　2　$A-B$　　3　$B-A$　　4　$B$

41

## 解説 → 問48

発振器の周波数は，次の原因によって変動する．発振器の内部雑音は影響しない．
① 負荷の変動とは，発振回路の後段の回路が変動することで発振周波数が変動する．
② 電源電圧の変動によって発振回路の動作が変動する．
③ 周囲の温度，湿度が変化すると発振回路の部品の定数が変化する．

## 解説 → 問49

誤っている選択肢を正しくすると次のようになる．
2　発振器と後段の結合を疎にする．
結合を密にすると後段（負荷）の影響を受けやすくなって，周波数変動が大きくなる．

「疎」か「密」の場合に，良好なのが「疎」

## 解説 → 問50

搬送波を音声等の電気信号で変化させる回路は変調回路である．
音声等の低周波は，そのまま電波として空間に放射することができない．高周波の搬送波を変調することによって，電波として空間に放射することができるようにする．

## 解説 → 問51

搬送波の振幅を音声等の振幅で変化させる変調方式を振幅変調（AM）という．

**関連知識：** 搬送波の周波数を変化させる変調方式を周波数変調（FM）という．
振幅はAmplitude（アンプリチュード），変調はModulation（モジュレーション），周波数はFrequency（フリークエンシー），それぞれの頭文字をとって，AM，FM．

## 解説 → 問52

解説図に振幅変調波形を示す．
変調度 $M$ は次式で表される．

$$M = \frac{B}{A} \times 100 \,[\%]$$

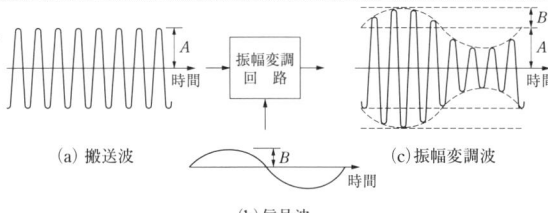

(a) 搬送波　(b) 信号波　(c) 振幅変調波

**解答**　問48→2　問49→2　問50→3　問51→2　問52→4

# 問題

### 問 53 解説あり！　正解　完璧　直前CHECK

振幅が150〔V〕の搬送波を振幅が90〔V〕の信号波で振幅変調した場合の変調度は幾らか.

1　66〔%〕　　2　60〔%〕　　3　40〔%〕　　4　16〔%〕

### 問 54 解説あり！　正解　完璧　直前CHECK

振幅が150〔V〕の搬送波を単一正弦波で振幅変調したとき，変調度が40〔%〕であった．その単一正弦波の振幅の最大値は幾らか．

1　240〔V〕　　2　210〔V〕　　3　90〔V〕　　4　60〔V〕

### 問 55 解説あり！　正解　完璧　直前CHECK

振幅が150〔V〕の搬送波を信号波で振幅変調したとき，変調度が60〔%〕であった．変調波の振幅の最大値は幾らか．

1　90〔V〕　　2　180〔V〕　　3　210〔V〕　　4　240〔V〕

### 問 56 解説あり！　正解　完璧　直前CHECK

図は，振幅が一定の搬送波を単一正弦波で振幅変調した変調波（A3E）の波形である．このときの変調度は幾らか．

1　15.0〔%〕
2　30.0〔%〕
3　33.3〔%〕
4　50.0〔%〕

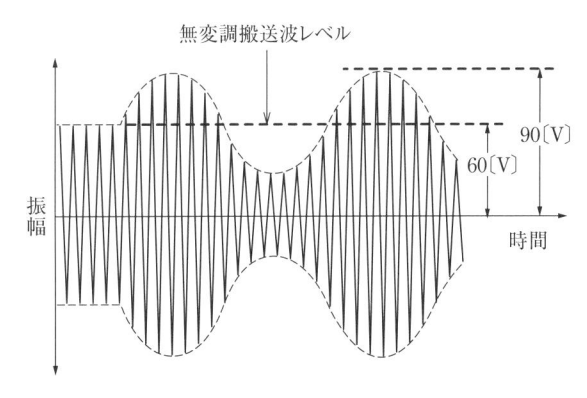

## 解説 ➡ 問53

搬送波の振幅を $A$ [V], 信号波の振幅を $B$ [V] とすると, 振幅変調度 $M$ [%] は次式で表される.

$$M = \frac{B}{A} \times 100 = \frac{90}{150} \times 100 = \frac{900}{15} = 60 \ [\%]$$

## 解説 ➡ 問54

振幅変調度 $M$ は, $M = \frac{B}{A} \times 100$ [%] だから, 信号波の振幅 $B$ [V] は次式で表される.

$$B = \frac{A \times M}{100} = \frac{150 \times 40}{100} = 15 \times 4 = 60 \ [\text{V}]$$

## 解説 ➡ 問55

振幅変調度 $M$ は, $M = \frac{B}{A} \times 100$ [%] だから, 信号波の振幅 $B$ [V] は次式で表される.

$$B = \frac{A \times M}{100} = \frac{150 \times 60}{100} = 15 \times 6 = 90 \ [\text{V}]$$

振幅変調波の振幅の最大値 $C$ [V] は, 搬送波の振幅と信号波の振幅の和となるので,

$C = A + B = 150 + 90 = 240$ [V]

## 解説 ➡ 問56

搬送波の振幅 $A$ [V] は無変調時の搬送波レベルだから, 問題図より $A = 60$ [V] となる.
最大振幅を $C$ [V] とすると, 信号波の振幅 $B$ [V] は次式で表される.

$B = C - A = 90 - 60 = 30$ [V]

したがって, 変調度 $M$ [%] は,

$$M = \frac{B}{A} \times 100 = \frac{30}{60} \times 100 = 50 \ [\%]$$

**解答** 問53➡2　問54➡4　問55➡4　問56➡4

# 問題

## 問 57

図は，振幅が150〔V〕の搬送波を単一正弦波の信号波で振幅変調した変調波（A3E）の波形である．変調度が60〔%〕のとき，$A$の値は幾らか．

1　150〔V〕
2　180〔V〕
3　210〔V〕
4　240〔V〕

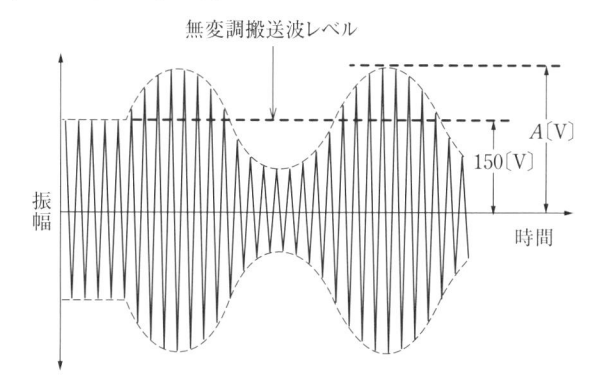

## 問 58

ブラウン管オシロスコープにより振幅変調の波形を観測し，波形について測定した結果は図のとおりであった．このときの変調度は幾らか．

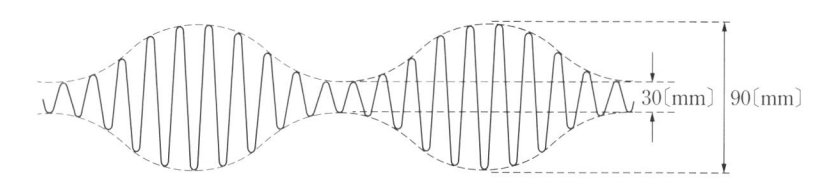

1　30〔%〕　　2　40〔%〕　　3　50〔%〕　　4　60〔%〕

## 問 59

DSB（A3E）電波の周波数成分で，正しいのはどれか．

1　上側波帯
2　搬送波と上側波帯
3　搬送波と下側波帯
4　搬送波，上側波帯及び下側波帯

## 解説 → 問57

搬送波の振幅を$X$〔V〕，信号波の振幅を$Y$〔V〕とすると，搬送波の振幅は無変調搬送波レベルだから，図より$X=150$〔V〕となる．

変調度$M$〔％〕は，$M=\dfrac{Y}{X}\times 100$〔％〕だから，信号波の振幅$Y$は，

$$Y=\dfrac{X\times M}{100}=\dfrac{150\times 60}{100}=15\times 6=90 \text{〔V〕}$$

最大振幅$A$〔V〕は，搬送波の振幅と信号波の振幅の和となるので，

$$A=X+Y=150+90=240 \text{〔V〕}$$

> 問題によって記号が異なることがある
> $X=15$〔V〕の問題も出題されている
> $A=24$〔V〕

## 解説 → 問58

振幅変調波の最大振幅$C$及び最小振幅$D$は，次式で表される．

$$C=\dfrac{90}{2}=45 \text{〔mm〕} \qquad D=\dfrac{30}{2}=15 \text{〔mm〕}$$

信号波の振幅$B$は，

$$B=\dfrac{C-D}{2}=\dfrac{45-15}{2}=\dfrac{30}{2}=15$$

搬送波の振幅$A$は，

$$A=C-B=45-15=30$$

したがって，変調度$M$は次式で表される．

$$M=\dfrac{B}{A}\times 100=\dfrac{15}{30}\times 100=50 \text{〔％〕}$$

## 解説 → 問59

DSB (A3E) 電波の周波数成分は，解説図 (b) に示すように，搬送波，上側波帯及び下側波帯．

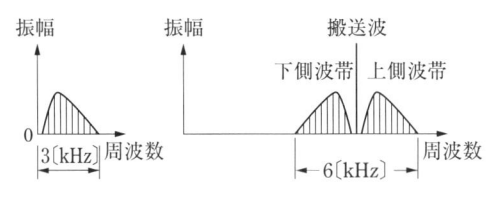

(a) 音声信号波　　(b) 電波の周波数成分

**解答** 問57→4　問58→3　問59→4

# 問題

## 問 60

SSB（J3E）電波の周波数成分は，次のうちどれか．

1　上側波帯と下側波帯
2　上側波帯か，又は下側波帯
3　搬送波，上側波帯及び下側波帯
4　搬送波

## 問 61

音声信号で変調された電波で，周波数帯幅が通常最も狭いのは，次のうちどれか．

1　ATV波　　2　FM波　　3　DSB波　　4　SSB波

## 問 62

SSB（J3E）電波の周波数成分を表した図は，次のうちどれか．ただし，点線は搬送波成分がないことを示す．

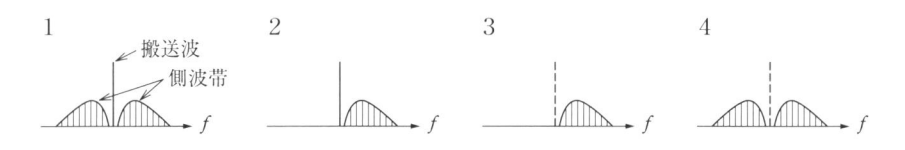

## 問 63

二つの図は，振幅変調波の周波数成分の分布を示している．図と対応する電波の型式の組合せで，正しいのはどれか．ただし，点線は搬送波成分がないことを示す．

|   | (A) | (B) |
|---|---|---|
| 1 | A3E | J3E |
| 2 | H3E | A3E |
| 3 | J3E | A3E |
| 4 | J3E | H3E |

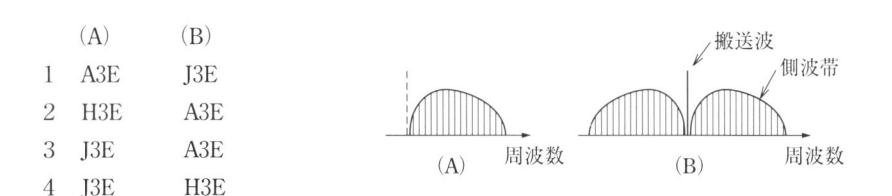

## 解説 → 問60

　SSB (J3E) 電波の周波数成分は，解説図に示すように，上側波帯 (USB) か，又は下側波帯 (LSB).

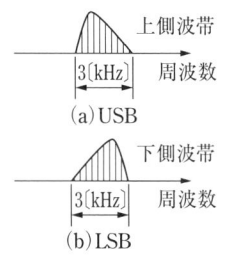

(a) USB 　上側波帯　3 [kHz]　周波数

(b) LSB 　下側波帯　3 [kHz]　周波数

## 解説 → 問61

　ATV波は映像で変調されたテレビジョン電波なので，音声信号で変調されてない.

　FM (周波数変調) 波は，周波数を変化させるので振幅変調波よりも周波数帯幅が広い.

　SSB (単側波帯) 波はDSB (両側波帯) 波の半分の帯域幅なので，周波数帯幅が最も狭い.

SSBは，Single (シングル/単)
SideBand (サイドバンド/側波帯)
DSBは，Double (ダブル/両)
SideBand (サイドバンド/側波帯)

## 解説 → 問62

各選択肢の電波型式の記号と周波数成分は，
1　DSB (A3E)：振幅変調の両側波帯
2　SSB (H3E)：振幅変調の単側波帯で全搬送波
3　SSB (J3E)：振幅変調の単側波帯で抑圧搬送波
4　DSB：振幅変調の両側波帯で平衡変調器の出力波

## 解説 → 問63

(A) は，搬送波が抑圧されていて単側波帯なので，J3E
(B) は，搬送波と両側波帯があるので，A3E

**関連知識：電波型式の記号**
A3E　振幅変調の両側波帯，アナログ信号の単一チャネル，電話
H3E　振幅変調の全搬送波による単側波帯，アナログ信号の単一チャネル，電話
J3E　振幅変調の抑圧搬送波による単側波帯，アナログ信号の単一チャネル，電話

**解答**　問60→2　　問61→4　　問62→3　　問63→3

## 問 64

最大周波数偏移が5〔kHz〕の場合，最高周波数3〔kHz〕の信号波で変調するとFM波の占有周波数帯幅は幾らになるか．

1　8〔kHz〕　　2　11〔kHz〕　　3　16〔kHz〕　　4　30〔kHz〕

## 問 65

同じ音声信号を用いて振幅変調（AM）と周波数変調（FM）をおこなったとき，AM波と比べてFM波の占有周波数帯幅の一般的な特徴はどれか．

1　広い　　2　狭い　　3　同じ　　4　半分

## 問 66

振幅変調方式（A3E）と比べたときの周波数変調方式（F3E）の特徴について述べたものである．誤っているのはどれか．

1　雑音に強い．　　　　　　　　2　音質が良い．
3　主に超短波以上で用いられる．　4　占有周波数帯幅が狭い．

## 問 67

変調された信号の中から，音声信号を取り出す回路は，次のうちどれか．

1　検波回路　　2　増幅回路　　3　変調回路　　4　発振回路

## 📖 解説 ➔ 問64

最大周波数偏移を $D$ [kHz]，信号波の最高周波数を $F$ [kHz] とすると，占有周波数帯幅 $B$ [kHz] は次式で表される．

$$B = 2 \times (D + F) = 2 \times (5 + 3) = 2 \times 8 = 16 \text{ [kHz]}$$

## 📖 解説 ➔ 問65

音声信号波の最高周波数を 3 [kHz] とすると，振幅変調された電波の周波数帯幅は，2倍の 6 [kHz] となる．

周波数変調された電波の周波数帯幅は，振幅変調より最大周波数偏移の分の帯域が広がる．よって，振幅変調された電波の周波数帯幅は，周波数変調された電波の周波数帯幅よりも狭い．

## 📖 解説 ➔ 問66

誤っている選択肢を正しくすると次のようになる．
4 占有周波数帯幅が広い．

> **関連知識：**周波数変調は振幅変調に比べて次の特徴がある．
> ① 占有周波数帯幅が広い．
> ② パルス性雑音の影響を受けにくい．
> ③ 音質が良い．
> ④ 主に超短波（VHF：30～300 [MHz]）帯以上で用いられる．
> ⑤ 受信機出力の信号対雑音比（$S/N$：エスエヌ比）が良い．
> ⑥ 受信入力レベルが変動しても出力レベルはほぼ一定である．
> ⑦ 同じ周波数の妨害波があっても，受信希望波の方が強ければ，妨害波は抑圧される．

## 📖 解説 ➔ 問67

変調された信号の中から音声信号を取り出す回路は検波回路又は復調回路．
電波の搬送波を音声又は音楽等の電気信号によって変化させる回路は変調回路．

**解答** 問64➔3 問65➔1 問66➔4 問67➔1

## 問 68

直線検波回路の特性についての説明で，正しいのはどれか．

1. 入力が大きいとき，入力対出力の関係が直線的である．
2. 入力がある値を超えると出力は一定になる．
3. 入力が大きくなるとひずみが多くなる．
4. 比較的小さい入力電圧で動作する．

## 問 69

図は，ある復調回路の入力対出力特性である．これは，次のどの電波を復調するのに用いられるか．

1. J3E電波
2. A3E電波
3. A1A電波
4. F3E電波

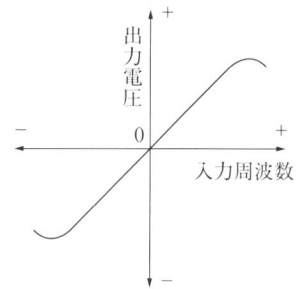

## 問 70

周波数 $f$ の信号入力と，周波数 $f_0$ の局部発振器の出力を周波数混合器で混合したとき，出力側に流れる電流の周波数は，次のうちどれか．ただし，$f > f_0$ とする．

1. $f \pm f_0$
2. $f \times f_0$
3. $\dfrac{f + f_0}{2}$
4. $\dfrac{f}{f_0}$

## 解説 → 問68

解説図 (a) に直線検波回路の特性を示す．入力電圧が大きいとき，入力電圧対出力電圧の関係が直線的な特性を持っている．図 (b) のように振幅変調された搬送波の振幅の変化から信号波を取り出すことができる．

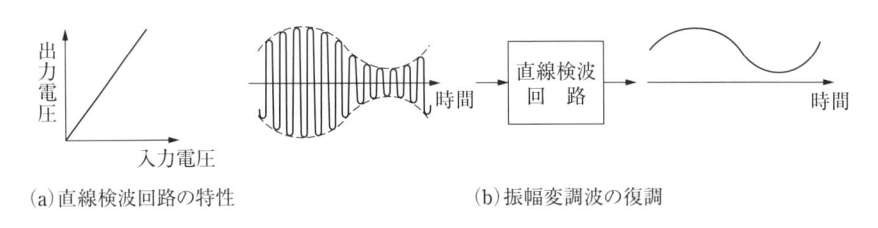

(a) 直線検波回路の特性
(b) 振幅変調波の復調

## 解説 → 問69

問題の図において，回路の特性は，入力周波数と出力電圧の関係が直線的な特性を持っているから，周波数変調された搬送波の周波数の変化から信号波を取り出すことができるので，周波数変調波の復調回路である．

周波数変調波と復調した信号波の波形を解説図に示す．

> 周波数変調波の電波の型式の記号はF3E

## 解説 → 問70

周波数混合器は，信号入力と局部発振器の出力を混合して信号入力周波数を異なった周波数に変換することができる．信号入力の周波数を $f$，局部発振器の周波数を $f_0$ とすると，出力周波数 $f_C$ は次式で表される．

$f_C = f + f_0$ 又は $f_C = f - f_0$

**解答** 問68→1　問69→4　問70→1

## 問 71

無線電話送受信装置において，プレストークボタン（PTTスイッチ）を押すとどのような動作状態になるか．

1　アンテナが受信機に接続され，送信状態となる．
2　アンテナが送信機に接続され，送信状態となる．
3　アンテナが送信機と受信機に接続され，送受信状態となる．
4　アンテナが受信機に接続され，受信状態となる．

## 問 72

次の記述は，送信機が備えなければならない条件について述べたものである．　　　内に入れるべき字句の組合せで，正しいのはどれか．

(1) 送信電波は，周波数が安定で，占有周波数帯幅ができるだけ　A　こと．
(2) スプリアス発射電力が　B　こと．

|   | A | B |
|---|---|---|
| 1 | 広い | 小さい |
| 2 | 狭い | 大きい |
| 3 | 広い | 大きい |
| 4 | 狭い | 小さい |

## 問 73

DSB（A3E）送信機において，音声信号で変調された搬送波は，どのようになっているか．

1　断続している．
2　振幅が変化している．
3　周波数が変化している．
4　振幅，周波数ともに変化しない．

## 解説 → 問71

電波を利用して音声等を送るための機器を送信機，電波を受信して音声等を取り出すための機器を受信機という．この両方を一つにまとめた機器を無線電話送受信装置（トランシーバ）という．

無線電話送受信装置は，プレストークボタン（PTTスイッチ）によって送受信を切り替える．スイッチを押すとアンテナが送信機に接続され，送信機が動作して送信状態となる．スイッチを離すとアンテナが受信機に接続され，受信機が動作して受信状態となる．

## 解説 → 問72

送信機の性能は次の条件を備えていなければならない．
① 送信する電波の周波数は，正確で安定なものであること．
② 送信する電波の占有周波数帯幅は，できるだけ狭いこと．
③ スプリアス発射電力が小さいこと．
④ 空中線電力が安定であること．

スプリアス発射とは，送信電波の基本波以外の不要な発射のことで，高調波発射，低調波発射，寄生発射等がある．

> 高調波は，2倍，3倍の整数倍の周波数のこと
> 低調波は，1/2, 1/3の整数分の1の周波数のこと

## 解説 → 問73

DSB（A3E）送信機は振幅変調の電波を送信する送信機である．搬送波の振幅を音声信号で変化させている．

**解答** 問71→2　問72→4　問73→2

## 問 74

DSB (A3E) 送信機では，音声信号によって搬送波をどのように変化させるか．

1 搬送波の発射を断続させる．
2 振幅を変化させる．
3 周波数を変化させる．
4 振幅と周波数をともに変化させる．

## 問 75

図に示す DSB (A3E) 送信機の構成において，送信周波数 $f_c$ と，発振周波数 $f_0$ との関係で正しいのはどれか．

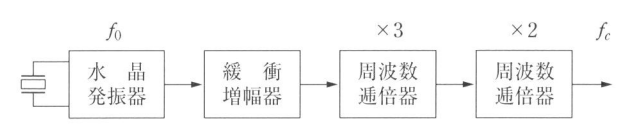

$f_0$ → 水晶発振器 → 緩衝増幅器 → ×3 周波数逓倍器 → ×2 周波数逓倍器 → $f_c$

1  $f_0 = \dfrac{1}{2} f_c$   2  $f_0 = \dfrac{1}{3} f_c$   3  $f_0 = \dfrac{1}{5} f_c$   4  $f_0 = \dfrac{1}{6} f_c$

## 問 76

送信機の発振周波数を安定にするための方法として，適当でないものは次のうちどれか．

1 発振器と後段との結合を密にする．
2 発振器として水晶発振回路を用いる．
3 発振器の次段に緩衝増幅器を設ける．
4 発振器の電源電圧の変動を少なくする．

## 問 77

送信機の回路において，緩衝増幅器の配置で，正しいのは次のうちどれか．

1 周波数逓倍器と励振増幅器の間
2 周波数逓倍器と電力増幅器の間
3 音声増幅器と電力増幅器の間
4 発振器と周波数逓倍器の間

## 解説 → 問74

DSB（A3E）送信機は音声信号によって搬送波の振幅を変化させる．

## 解説 → 問75

発振周波数 $f_0$ は，周波数逓倍器によって逓倍され送信周波数 $f_c$ となる．

$$f_c = f_0 \times 3 \times 2 = f_0 \times 6$$

したがって，$f_0 = \dfrac{1}{6} f_c$

解説図にDSB送信機の構成を示す．

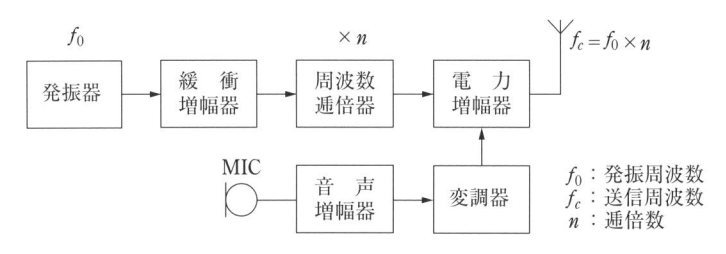

$f_0$：発振周波数
$f_c$：送信周波数
$n$：逓倍数

## 解説 → 問76

誤っている選択肢を正しくすると次のようになる．
1 発振器と後段の結合を疎にする．
結合を密にすると後段（負荷）の影響を受けやすくなって，周波数変動が大きくなる．

「疎」か「密」の場合に，良好なのが「疎」

## 解説 → 問77

緩衝増幅器は，発振器が後段の影響を受けて，その発振周波数が変動するのを防ぐために用いられるので，発振器とその後段の周波数逓倍器の間に配置する．

「緩衝」は，影響を和らげる意味

**解答** 問74→2　問75→4　問76→1　問77→4

# 問題

## 問 78

送信機の緩衝増幅器は，どのような目的で設けられているか．

1　所要の送信機出力まで増幅するため．
2　後段の影響により発振器の発振周波数が変動するのを防ぐため．
3　終段増幅器の入力として十分な励振電圧を得るため．
4　発振周波数の整数倍の周波数を取り出すため．

## 問 79

送信機の緩衝増幅器についての記述で，誤っているものはどれか．

1　発振器との結合は疎である．
2　発振周波数の整数倍の周波数を取り出す．
3　発振器と周波数逓倍器の間に設けられる．
4　後段の影響による発振器の発振周波数の変動を防ぐ．

## 問 80

送信機の周波数逓倍器は，どのような目的で設けられているか．

1　発振器の発振周波数が変動するのを防ぐため．
2　高調波に同調させて，これを抑圧するため．
3　発振器の発振周波数を整数倍して，希望の周波数にするため．
4　発振器の発振周波数から低調波を取り出すため．

## 問 81

DSB（A3E）送信機において，占有周波数帯幅が広がる場合の説明として，誤っているのはどれか．

1　送信機が寄生振動を起こしている．
2　変調器の出力に非直線ひずみの成分がある．
3　変調器の周波数特性が高域で低下している．
4　変調度が100〔％〕を超えて過変調になっている．

## 解説 → 問78

発振器の後段に接続された周波数逓倍器や電力増幅器の動作が変調によって変化すると，発振器の発振周波数が変動することがあるので，増幅度が小さく安定に動作する緩衝増幅器を発振器の後段に設ける．

各選択肢が意味する回路は，
1 所要の送信機出力まで増幅するのは電力増幅器．
3 終段増幅器の入力として十分な励振電圧を得るのは励振増幅器．
4 発振周波数の整数倍の周波数を取り出すのは周波数逓倍器．

## 解説 → 問79

誤っている選択肢2は周波数逓倍器のこと．
2 発振周波数の整数倍の周波数を取り出す．

## 解説 → 問80

周波数逓倍器は，高い周波数の搬送波を得るときに，発振周波数を整数倍にする回路である．ひずみの多いC級増幅を使って入力周波数の整数倍の出力周波数を得る．増幅器の出力側に入力周波数の整数倍に共振する共振回路を設けると，入力周波数の整数倍となる周波数の搬送波出力を得ることができる．

## 解説 → 問81

搬送波を振幅変調した振幅変調波は，搬送波の上下の周波数に信号波の周波数離れたところに側波が発生する．搬送波の周波数 ($f_c$) に対して，上の側波 ($f_c + f_s$) を上側波，下の側波 ($f_c - f_s$) を下側波という．このとき，上下の側波の幅が振幅変調波の電波の幅となりこれを占有周波数帯幅という．

変調器の周波数特性が高域で低下すると，高い周波数成分が減少するので占有周波数帯幅が広がる原因とはならない．

原因となる寄生振動とは，電力増幅器などが送信周波数とは関係のない周波数の発振を起こしてしまうことである．変調度が100〔%〕を超えることを過変調という．これらの原因や変調器のひずみなどにより，送信電波の占有周波数帯幅が広がる．

**解答** 問78→2　問79→2　問80→3　問81→3

## 問題

### 問 82

DSB (A3E) 送信機が過変調の状態になったとき，どのような現象を生じるか．

1　占有周波数帯幅が狭くなる．
2　送信周波数が変動する．
3　側波帯が広がる．
4　寄生振動が発生する．

### 問 83

振幅変調方式の送信機で，上側波帯又は下側波帯の一つを発射するのは次のうちどれか．

1　CW (A1A) 送信機
2　FM (F3E) 送信機
3　DSB (A3E) 送信機
4　SSB (J3E) 送信機

### 問 84

次の記述は，DSB (A3E) 方式と比べたときのSSB (J3E) 方式の特徴について述べたものである．誤っているのはどれか．

1　送受信機の回路構成が簡単である．
2　受信機出力のS/Nが良い．
3　送信電力が経済的である．
4　占有周波数帯域幅が狭い．

### 問 85

送信機の構成において，SSB (J3E) 波を得るために用いられる変調器は，次のうちどれか．

1　位相変調器
2　高電力変調器
3　周波数変調器
4　平衡変調器

## 📖 解説 ➜ 問82

過変調は搬送波の振幅よりも信号波の振幅が大きくなって，変調度が100〔%〕を超えると発生する．振幅変調波の波形が大きくひずむことで側波帯が広がる．側波帯が広がると占有周波数帯幅が広くなる．

送信周波数の変動や寄生振動の発生とは特に関係しない．

## 📖 解説 ➜ 問83

振幅変調方式の送信機で，上側波帯又は下側波帯の一つの側波帯を発射するのはSSB (J3E) 送信機．

誤っている選択肢は，
1　CW (A1A) 送信機はモールス符号の電信送信機．
2　FM (F3E) 送信機は周波数変調波を送信する送信機．
3　DSB (A3E) 送信機は振幅変調波を送信する送信機．

## 📖 解説 ➜ 問84

誤っている選択肢を正しくすると次のようになる．
1　送受信機の回路構成が複雑である．

解説図にSSB送信機の構成を示す．

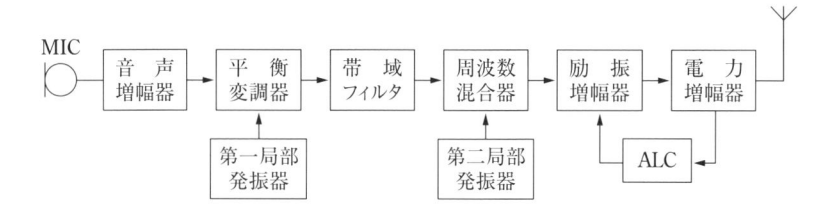

MIC → 音声増幅器 → 平衡変調器 → 帯域フィルタ → 周波数混合器 → 励振増幅器 → 電力増幅器 → アンテナ

第一局部発振器 → 平衡変調器
第二局部発振器 → 周波数混合器
ALC → 励振増幅器／電力増幅器

## 📖 解説 ➜ 問85

平衡変調器は搬送波が抑圧された（おさえられた）振幅変調波を作り出す回路．

**解答**　問82➜3　問83➜4　問84➜1　問85➜4

## 問 86

SSB（J3E）送信機において，搬送波の抑圧に役立っているのはどれか．

1　平衡変調器　　　2　振幅制限器
3　クラリファイヤ　　4　スピーチクリッパ

## 問 87

SSB（J3E）送信機において，下側波帯又は上側波帯のいずれか一方のみを取り出す目的で設けるものは何か．

1　帯域フィルタ（BPF）　2　周波数逓倍器
3　平衡変調器　　　　　4　周波数混合器

## 問 88

図は，SSB（J3E）送信機の構成の一部を示したものである．図の出力側の周波数成分で，正しいものは次のうちどれか．

1　上側波
2　下側波
3　上側波と下側波
4　上側波，下側波及び搬送波

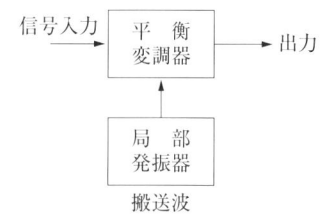

## 問 89

図に示すSSB（J3E）波を発生させるための回路の構成において，出力に現れる周波数成分は，次のうちどれか．

1　$f_c + f_s$
2　$f_c - f_s$
3　$f_c \pm f_s$
4　$f_c + 2f_s$

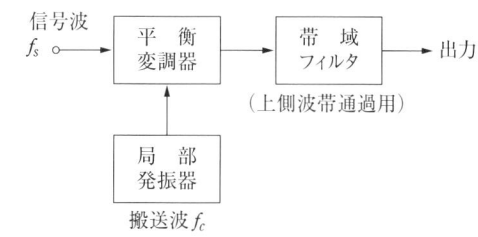

## 📖 解説 → 問86

搬送波の抑圧された振幅変調波を作り出す回路は平衡変調器.
誤っている選択肢は,
2 振幅制限器はFM受信機で用いられる.
3 クラリファイヤはSSB受信機で用いられる.
4 スピーチクリッパはSSB送信機で,変調信号の平均レベルを上げるために用いられる.

## 📖 解説 → 問87

帯域フィルタ(BPF)は,平衡変調されて搬送波が抑圧されたDSB波の中から上側波帯又は下側波帯のいずれか一方のみを取り出す回路である.水晶フィルタ等が用いられる.

BPFは,Band(バンド/帯域) Pass(パス/通過) Filter(フィルタ)のこと

## 📖 解説 → 問88

解説図に示すように,平衡変調器の出力は,上側波$f_c+f_s$と下側波$f_c-f_s$である.搬送波は抑圧されて出力されない.

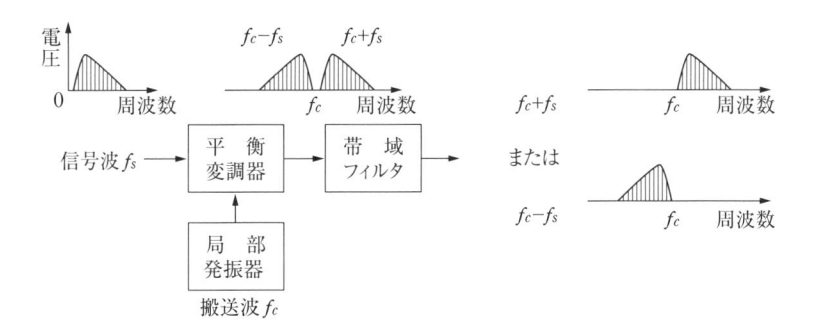

## 📖 解説 → 問89

平衡変調器の出力の上側波$f_c+f_s$と下側波$f_c-f_s$のうち,上側波帯通過用の帯域フィルタを通過する出力は上側波$f_c+f_s$のみ.

**解答** 問86→1  問87→1  問88→3  問89→1

## 問題

### 問 90 解説あり！

図に示す SSB（J3E）波を発生させるための回路の構成において、出力に現れる周波数は、次のうちどれか。

1　1,503.5〔kHz〕
2　1,505　〔kHz〕
3　1,508　〔kHz〕
4　1,509.5〔kHz〕

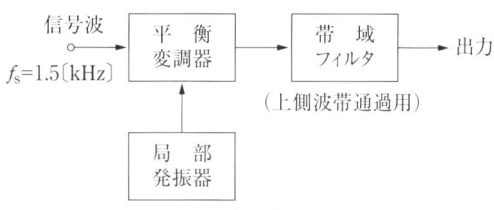

信号波 $f_s$=1.5〔kHz〕 → 平衡変調器 → 帯域フィルタ（上側波帯通過用） → 出力
局部発振器
搬送波 $f_c$=1,506.5〔kHz〕

### 問 91 解説あり！

図は，SSB（J3E）送信機の構成の一部を示したものである。空欄の部分に入れるべき名称で，正しいのは次のうちどれか。

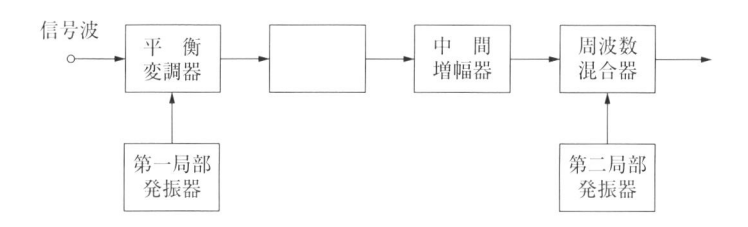

信号波 → 平衡変調器 → □ → 中間増幅器 → 周波数混合器
第一局部発振器
第二局部発振器

1　周波数逓倍器
2　帯域フィルタ
3　水晶発振器
4　緩衝増幅器

### 問 92 解説あり！

SSB（J3E）送信機の構成及び各部の働きで，誤っているものはどれか。

1　変調波を周波数逓倍器に加えて所要の周波数を得ている．
2　送信出力波形のひずみを軽減するため，ALC 回路を設けている．
3　平衡変調器を設けて，搬送波を除去している．
4　不足な側波帯を除去するため，帯域フィルタ（BPF）を設けている．

63

## 解説 → 問90

平衡変調器の出力は，$f_c \pm f_s$ となるので，
 $f_c + f_s = 1,506.5 + 1.5 = 1,508$ 〔kHz〕及び
 $f_c - f_s = 1,506.5 - 1.5 = 1,505$ 〔kHz〕となる．
このうち上側の側波を帯域フィルタで取り出すので，出力周波数は 1,508 〔kHz〕である．

## 解説 → 問91

平衡変調器の出力は搬送波が抑圧されているので，上側波帯及び下側波帯である．このうち，どちらかの側波帯を取り出すために帯域フィルタが用いられる．
中間増幅部で増幅された SSB 波は，第二局部発振器の信号と周波数混合器で混合され，必要な周波数の SSB 波となる．

## 解説 → 問92

誤っている選択肢を正しくすると次のようになる．
1 変調波と局部発振器の出力を周波数混合器に加えて所要の周波数を得ている．

ALC 回路は，電力増幅器に大きな入力電圧が加わるとひずみが発生するので，入力レベルを制限して送信出力波形のひずみを軽減するために設ける．

**関連知識**：DSB 送信機は周波数逓倍した後段で変調するので，搬送波が所要の周波数を得るために，ひずみの多い周波数逓倍器を用いることができる．SSB 送信機では，SSB 波に周波数逓倍器を用いると変調された搬送波の信号成分にひずみが増加するので用いることはできない．

**解答** 問90→3　問91→2　問92→1

## 問題

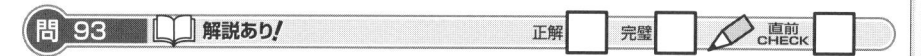

### 問 93 解説あり！

次の記述は，SSB（J3E）送信機のどの回路について述べたものか．

この回路は，電力増幅器にある一定のレベル以上の入力電圧が加わったときに，励振増幅器などの増幅度を自動的に下げて電力増幅器の入力レベルを制限し，送信電波の波形がひずまないようにしたり，占有周波数帯幅が過度に広がらないようにする．

1　ALC　　2　IDC　　3　AFC　　4　ANL

### 問 94 解説あり！

次の記述の□内に入れるべき字句の組合せで，正しいものはどれか．

SSB（J3E）送信機では，□A□増幅器の入力レベルを制限し，送信出力がひずまないように□B□回路が用いられる．

|   | A | B |
|---|---|---|
| 1 | 緩衝 | IDC |
| 2 | 電力 | IDC |
| 3 | 緩衝 | ALC |
| 4 | 電力 | ALC |

### 問 95 解説あり！

SSB（J3E）トランシーバの送信部において，送話の音声の有無によって，自動的に送信と受信を切り替える働きをするのは，次のうちどれか．

1　ALC回路
2　VOX回路
3　帯域フィルタ（BPF）
4　平衡変調器

## 📖 解説 ➡ 問93 ➡ 問94

電力増幅器にある一定のレベル以上の入力電圧が加わったときに，励振増幅器等の増幅度を自動的に下げて電力増幅器の入力レベルを制限する回路は，ALC回路．

各選択肢は，
1 ALCは，Automatic（オートマチック／自動）Level（レベル／振幅）Control（コントール／制御）のこと．
2 IDCは，Instantaneous（インスタンテニアス／瞬時）Deviation（デビエーション／周波数偏移）Control（コントロール／制御）のこと．FM送信機で用いられる．
3 AFCは，Automatic（オートマチック／自動）Frequency（フリークエンシー／周波数）Control（コントロール／制御）のこと．FM送信機やFM受信機で用いられる．
4 ANLは，Automatic（オートマチック／自動）Noise（ノイズ／雑音）Limiter（リミタ／制限）のこと．受信機で用いられる．

## 📖 解説 ➡ 問95

無線電話送受信装置（トランシーバ）は，プレストークボタン（PTTスイッチ）によって送信と受信を切り替える．SSB送信機は搬送波を常時送信しないので，通話音声の有無によって自動的に送信と受信を切り替えることができる．この切替回路をVOX回路という．

VOXは，Voice（ボイス／音声）Operated（オペレイテッド／操作される）Switch（スイッチ／Xは省略するときに用いる記号）のこと．

---

**解答** 問93➡1　問94➡4　問95➡2

## 問96

FM（F3E）送信機では，音声信号によって搬送波をどのように変化させるか．

1 搬送波の発射を断続させる．
2 振幅を変化させる．
3 周波数を変化させる．
4 振幅と周波数をともに変化させる．

## 問97

FM（F3E）送信機において，音声信号で変調された搬送波はどのようになっているか．

1 断続している．
2 振幅が変化している．
3 周波数が変化している．
4 振幅，周波数ともに変化しない．

## 問98

FM通信方式の説明で，誤っているのはどれか．

1 同じ周波数の妨害波があっても，受信希望の信号波の方が強ければ妨害波は抑圧される．
2 受信入力レベルが少しくらい変動しても，出力レベルはほぼ一定である．
3 周波数偏移を大きくしても，占有周波数帯幅は変わらない．
4 FM通信方式に比べて，受信機出力の音質が良い．

## 問99

自動車に搭載する無線電話装置で自動車雑音に強い変調方式のものは，次のうちどれか．

1 FM（F3E）方式
2 SSB（J3E）方式
3 SSB（H3E）方式
4 DSB（A3E）方式

## 解説 → 問96

FM (F3E) 送信機では，音声信号によって搬送波の周波数を変化させる．

周波数はFrequeycy（フリークエンシー），変調はModulation（モジュレーション）を表すのでFMは周波数変調のこと．

## 解説 → 問97

FM (F3E) 送信機では，音声信号によって変調された搬送波は周波数が変化している．FM波の電波の振幅は変化しない．

## 解説 → 問98

誤っている選択肢を正しくすると次のようになる．
3  周波数偏移を大きくすると，占有周波数帯幅は広がる．

> **関連知識：** 信号波の最高周波数を$F$〔Hz〕，最大周波数偏移を$D$〔Hz〕とすると占有周波数帯幅$B$〔Hz〕は，次式で表される．
> $B = 2 \times (D+F)$〔Hz〕

## 解説 → 問99

周波数変調方式は，振幅変調方式に比べてパルス性雑音の影響を受けにくい特徴がある．パルス性雑音は鋭い波形を持った雑音で，自動車の点火栓（イグニッションプラグ）による人工雑音等がある．

各選択肢は，
1  FM (F3E) 方式：周波数変調
2  SSB (J3E) 方式：振幅変調の単側波帯で抑圧搬送波
3  SSB (H3E) 方式：振幅変調の単側波帯で全搬送波
4  DSB (A3E) 方式：振幅変調の両側波帯

2～4は振幅変調なので，パルス性の自動車雑音に強い変調方式は1のFM (F3E) 方式．

**解答**  問96→3   問97→3   問98→3   問99→1

# 問題

### 問 100 解説あり！　正解 □　完璧 □　直前CHECK □

間接FM方式のFM（F3E）送信機についての記述で，正しいのはどれか．

1　IDC回路で，送信周波数の変動を防止している．
2　周波数逓倍器で，所要の周波数偏移を得ている．
3　平衡変調器で周波数変調波を得ている．
4　終段電力増幅器で，変調を行っている．

### 問 101 解説あり！　正解 □　完璧 □　直前CHECK □

FM（F3E）送信機において，周波数偏移を大きくする方法として用いられるのは，次のうちどれか．

1　周波数逓倍器の逓倍数を大きくする．
2　緩衝増幅器の増幅度を小さくする．
3　水晶発振器の発振周波数を高くする．
4　変調器と次段との結合を疎にする．

### 問 102 解説あり！　正解 □　完璧 □　直前CHECK □

図は，間接FM方式のFM（F3E）送信機の基本的な構成例を示したものである．空欄の部分に入れるべき名称の組合せで，正しいのは次のうちどれか．

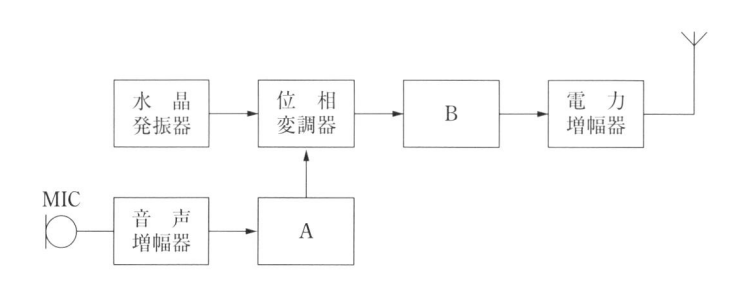

|   | A | B |
|---|---|---|
| 1 | ALC回路 | 緩衝増幅器 |
| 2 | IDC回路 | 緩衝増幅器 |
| 3 | ALC回路 | 周波数逓倍器 |
| 4 | IDC回路 | 周波数逓倍器 |

## 📖 解説 → 問100

$n$倍の周波数逓倍器を用いると，搬送波の周波数が$n$倍となり，周波数偏移も$n$倍になるので，FM（F3E）送信機は周波数逓倍器で所要の周波数偏移を得ることができる．

誤っている選択肢は，

1　IDC回路は，周波数偏移を常に一定値に収める．
3　平衡変調器はSSB送信機に用いられる．
4　終段電力増幅器で変調を行うのはDSB送信機である．

## 📖 解説 → 問101

$n$倍の周波数逓倍器を用いると，周波数偏移は$n$倍となり大きくなる．

## 📖 解説 → 問102

FM（F3E）送信機の構成では，IDC回路の出力を位相変調器に加えて，周波数変調波の出力を得る．周波数変調波は周波数逓倍器によって，整数倍の周波数となり周波数偏移も整数倍となる．電力増幅器はアンテナから放射するために必要とする電力に増幅する．

> 周波数逓倍器は，ひずみの多いC級増幅を使って入力周波数の整数倍の出力周波数を得る

ALC回路は，Automatic（オートマチック／自動）Level（レベル／振幅）Control（コントロール／制御）のこと．SSB送信機で用いられる．

緩衝増幅器は，発振器の次の段に用いられる．後段の影響を受けて発振周波数が変動するのを防ぐ．

---

**解答**　問100 → 2　　問101 → 1　　問102 → 4

**出題傾向**
問101　誤った選択肢が次と入れ替わっている問題も出題されている．解答は同じ．「送信機の出力を大きくする．」
問102　誤った選択肢が次と入れ替わっている問題も出題されている．解答は同じ．「検波器」

### 問 103

FM（F3E）送信機において，IDC回路を設ける目的は何か．

1　寄生振動の発生を防止する．
2　高調波の発生を除去する．
3　発振周波数を安定にする．
4　周波数偏移を制限する．

### 問 104

FM（F3E）送信機において，変調波を得るには，図の空欄の部分に何を設ければよいか．

1　位相変調器
2　平衡変調器
3　緩衝増幅器
4　周波数逓倍器

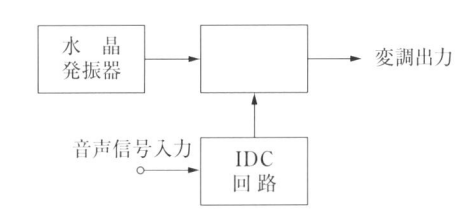

### 問 105

直接FM方式のFM（F3E）送信機において，変調波を得るには，図の空欄の部分に何を設ければよいか．

1　励振増幅器
2　音声増幅器
3　周波数逓倍器
4　電圧制御発振器

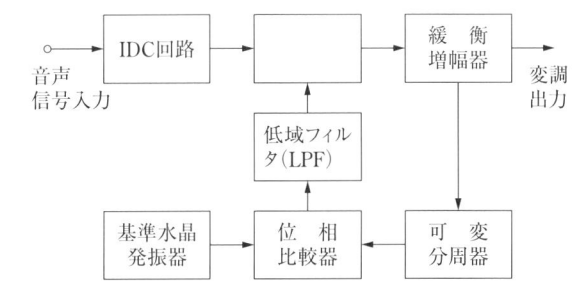

## 解説 → 問103

　FM（F3E）送信機では，大きな音声信号入力や高い周波数の入力が加わると占有周波数帯幅が広がる．そこで，IDC回路を用いて周波数偏移を一定値以下に収めことによって，占有周波数帯幅が広がらないようにする．

> IDCは，Instantaneous（インスタンテニアス／瞬時）Deviation（デビエーション／周波数偏移）Control（コントロール／制御）のこと

## 解説 → 問104

　周波数変調（FM）は音声信号波の振幅で搬送波の周波数を変化させる方式，位相変調（PM）は音声信号波の振幅で搬送波の位相を変化させる方式である．周波数の偏移は搬送波の周波数の変化に比例し，位相の偏移は搬送波の時間的なずれに比例する．また，周波数に反比例する信号波を位相変調器に加えると，周波数変調波の出力を得ることができる．

　IDC回路は，大きな音声信号入力や高い周波数の入力が加わると占有周波数帯幅が広がるのを一定値以下に収める動作をするが，このとき，信号入力の周波数に反比例する特性を持つ．

> IDC回路と位相変調器によって，FM電波を送信する送信機を間接FM送信機ともいう

　また，送信機の送信周波数を安定にするには，水晶発振回路が用いられる．送信周波数を決定する水晶発振子は特定の周波数で発振するので，直接周波数変調をするのが難しい．

　そこで，水晶発振器の出力とIDC回路で周波数に反比例する特性を持った出力を位相変調器に加えると，周波数変調波の出力を得ることができる．

## 解説 → 問105

　基準水晶発振器，位相比較器，低域フィルタ（LPF），電圧制御発振器，可変分周器によって，位相同期ループ（PLL）発振器が構成される．電圧制御発振器の出力周波数を基準水晶発振器の発振周波数に同期させることで，安定な周波数を発振することができる．

　IDC回路を通った音声信号入力電圧の振幅の変化に応じて，電圧制御発振器の周波数が変化するので，周波数変調波の変調出力を得ることができる．

**解答**　問103→4　　問104→1　　問105→4

**出題傾向**　問104〜105　問題の図において，「IDC回路」の部分が穴埋めになっている問題も出題されている．

# 問題

## 問 106 解説あり!

FM（F3E）送信機において，周波数偏移を常に一定値以下に収めるための回路は，次のうちどれか．

1. ALC回路
2. スケルチ回路
3. IDC回路
4. VOX回路

## 問 107 解説あり!

間接FM方式のFM（F3E）送信機に通常使用されていないのは，次のうちどれか．

1. 水晶発振器
2. IDC回路
3. 周波数逓倍器
4. 平衡変調器

## 問 108 解説あり!

無線送信機に擬似負荷を用いる主要な目的として，正しいのはどれか．

1. 送信機の損傷を防ぐため．
2. 送信機の消費電力を節約するため．
3. 調整中に電波を外部に出さないため．
4. 調整不良の箇所を直ちに発見するため．

## 解説 → 問106

FM（F3E）送信機において，周波数偏移を一定値以下に収めるための回路は，IDC（瞬時周波数偏移制御）回路．

誤っている選択肢は，
1 ALC回路は，Automatic（オートマチック/自動）Level（レベル/振幅）Control（コントール/制御）のこと．SSB送信機で用いられる．
2 スケルチ回路はFM受信機で用いられる．
4 VOX回路は，Voice（ボイス/音声）Operated（オペレイテッド/操作される）Switch（スイッチ/Xは省略するときに用いる記号）のこと．SSB送信機で用いられる．

## 解説 → 問107

FM（F3E）送信機は，通常は解説図のように音声増幅器，IDC回路，水晶発振器，位相変調器，周波数逓倍器，電力増幅器で構成される．
平衡変調器は搬送波が抑圧された振幅変調波を出力する回路で，SSB送信機に用いられる．

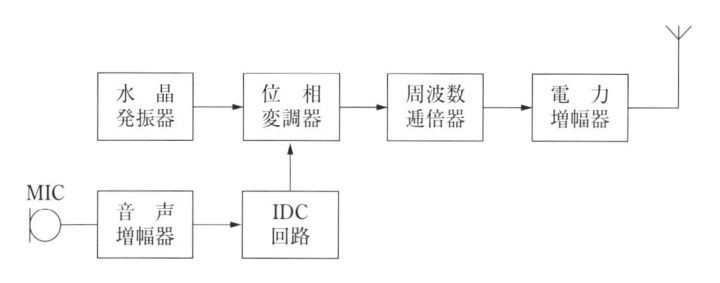

```
        ┌──────┐   ┌──────┐   ┌──────┐   ┌──────┐
        │水 晶 │──→│位 相 │──→│周波数│──→│電 力 │──→ Ｙ
        │発振器│   │変調器│   │逓倍器│   │増幅器│
        └──────┘   └──────┘   └──────┘   └──────┘
                       ↑
  MIC   ┌──────┐   ┌──────┐
   ○──→│音 声 │──→│IDC   │
        │増幅器│   │回路  │
        └──────┘   └──────┘
```

## 解説 → 問108

擬似負荷（ダミーロード又は擬似空中線回路という．）は，送信機の出力端子に空中線（アンテナ）の代わりに接続する抵抗回路である．
送信機の調整中に送信電力を電波として外部に放射しないで，抵抗器で熱として消費させることができる．

**解答** 問106→3　問107→4　問108→3

**出題傾向**
問107　誤った選択肢が次と入れ替わっている問題も出題されている．解答は同じ．「ALC回路」
問108　誤った選択肢が次と入れ替わっている問題も出題されている．解答は同じ．「送信周波数を安定にするため．」，「寄生振動を防止するため．」

## 問題

### 問 109  解説あり！　正解□　完璧□　直前CHECK□

スーパヘテロダイン受信機の特徴で誤っているのは，次のうちどれか．

1　受信周波数を中間周波数に変換している．
2　選択度を極めて高くすることができる．
3　受信周波数を変えないで，そのまま増幅している．
4　イメージ（影像）周波数混信を受けることがある．

### 問 110  解説あり！　正解□　完璧□　直前CHECK□

スーパヘテロダイン受信機に用いられる高周波増幅部の利点で，誤っているのは次のうちどれか．

1　感度が良くなる．
2　影像周波数混信が減る．
3　信号対雑音比が良くなる．
4　局部発振器の出力が，空中線から放射されやすい．

### 問 111  解説あり！　正解□　完璧□　直前CHECK□

図に示すDSB（A3E）スーパヘテロダイン受信機の構成には誤った部分がある．これを正しくするにはどうすればよいか．

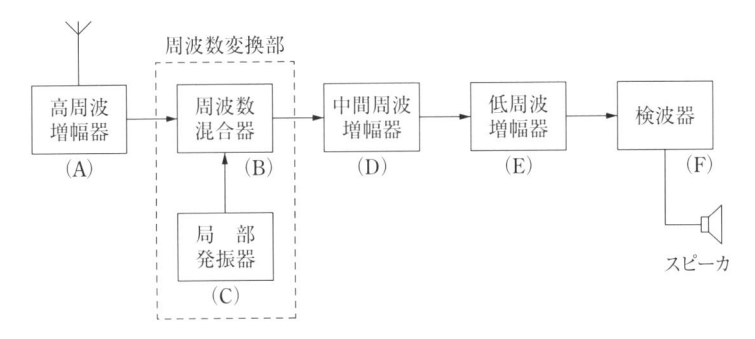

（図：アンテナ → 高周波増幅器(A) → 周波数混合器(B) → 中間周波増幅器(D) → 低周波増幅器(E) → 検波器(F) → スピーカ，局部発振器(C)は周波数混合器へ接続，周波数変換部は(B)と(C)を含む）

1　(A)と(D)を入れ替える．　　2　(B)と(C)を入れ替える．
3　(E)と(F)を入れ替える．　　4　(D)と(F)を入れ替える．

無線工学　受信機

## 解説 → 問109

誤っている選択肢を正しくすると次のようになる．
3　受信周波数を中間周波数に変換して，増幅している．

## 解説 → 問110

誤っている選択肢を正しくすると次のようになる．
4　局部発振器の出力が，空中線から放射されにくい．

受信電波を中間周波数に変換するために用いられる局部発振器と周波数混合器は高周波増幅器の出力側に接続されるので，出力側から入力側へは発振器の出力が漏れにくい特性がある．

> 「空中線」はアンテナのこと

## 解説 → 問111

検波器で音声等の信号を取り出してから，低周波増幅器でスピーカを動作するのに必要な電力まで増幅するので，問題図の回路は (E) と (F) を入れ替えればよい．

スーパヘテロダイン受信機の各部の動作は次のようになる．
① 高周波増幅器：受信電波の高周波を増幅する．
② 周波数混合器：受信電波の周波数と局部発振器の出力周波数とを混合して中間周波数に変換する．
③ 局部発振器：受信電波の周波数と局部発振器の周波数との差が常に一定な中間周波数となるような周波数を発振する．
④ 中間周波増幅器：中間周波数に変換された受信電波を増幅する．中間周波変成器 (IFT) や水晶フィルタにより，選択度が向上する．
⑤ 検波器：音声信号を取り出す．
⑥ 低周波増幅器：音声信号をスピーカを動作させるために必要な電力に増幅する．

> 周波数混合器と局部発振器を合わせて周波数変換部という

**解答**　問109→3　問110→4　問111→3

## 問 112

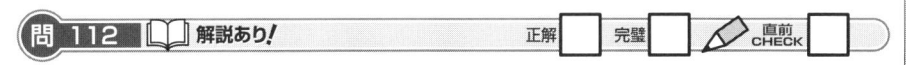

受信機で，影像周波数に対する選択度を上げるのに最も重要な役割をするものは，次のうちどれか．

1　高周波増幅器　　2　周波数混合器
3　中間周波増幅器　4　低周波増幅器

## 問 113

次の記述の ☐ 内に入れるべき字句の組合せで，正しいのはどれか．

シングルスーパヘテロダイン受信機において，　A　を設けると，周波数変換部で発生する雑音の影響が少なくなるため，　B　が改善される．

|   | A | B |   | A | B |
|---|---|---|---|---|---|
| 1 | 高周波増幅部 | 信号対雑音比 | 2 | 高周波増幅部 | 安定度 |
| 3 | 中間周波増幅部 | 信号対雑音比 | 4 | 中間周波増幅部 | 安定度 |

## 問 114

スーパヘテロダイン受信機の周波数変換部の作用は，次のうちどれか．

1　受信周波数を音声周波数に変える．
2　受信周波数を中間周波数に変える．
3　中間周波数を音声周波数に変える．
4　音声周波数を中間周波数に変える．

## 解説 → 問112

高周波増幅器の同調回路によって，影像周波数に対する選択度を向上させることで影像周波数妨害を軽減することができる．

> **関連知識：** スーパヘテロダイン受信機では，周波数変換部で中間周波数（$f_I$）に変換するときに，受信電波の周波数（$f_R$）から局部発振器の周波数（$f_L$）の差をとって中間周波数とする．影像周波数とは，局部発振器の周波数から混信する電波の周波数（$f_U$）の差をとると中間周波数になる関係があるときに発生する妨害波の周波数のことで，
> $f_R - f_L = f_I$　　（例えば，3,500 - 3,045 = 455〔kHz〕）
> のとき，
> $f_L - f_U = f_I$　　（例えば，3,045 - 2,590 = 455〔kHz〕）
> の関係となる $f_U$ の周波数の電波が妨害となる．

## 解説 → 問113

二つの周波数を混合して，それらの和や差の周波数を取り出す周波数混合器では，増幅回路の非直線部分を使用するために，回路内部で発生する雑音電圧が大きい．そこで，あらかじめ高周波増幅器で増幅した受信電波を加えることによって，信号対雑音比を改善することができる．

信号対雑音比（S/N：エスエヌ比）は，信号電圧と雑音電圧の比で表される．信号電圧に比較して雑音電圧が小さいほど，信号対雑音比が大きい良好な増幅回路となる．

> 雑音が増えた後で，雑音を減らすことはできない．周波数変換部の前にあるのは高周波増幅器

## 解説 → 問114

スーパヘテロダイン受信機の周波数変換部は，受信周波数を中間周波数に変える作用がある．

周波数変換部は，混合する周波数を発振する局部発振器と周波数混合器によって構成される．受信周波数を中間周波数に変換する作用があるので周波数変換部という．

**解答** 問112→1　問113→1　問114→2

# 問題

## 問 115 解説あり！

スーパヘテロダイン受信機の局部発振器に最も必要とされる条件は，次のうちどれか．

1 水晶発振器であること．
2 発振出力が変化できること．
3 スプリアス成分が少ないこと．
4 発振周波数が受信周波数より低いこと．

## 問 116 解説あり！

受信機の中間周波増幅器では，一般にどのような周波数成分が増幅されるか．

1 入力信号周波数と局部発振周波数の差の周波数成分
2 入力信号周波数と局部発振周波数の和の周波数成分
3 局部発振周波数成分
4 入力信号周波数成分

## 問 117 解説あり！

図は，スーパヘテロダイン受信機の構成図である．音声信号を取り出す働きをするところは，次のうちどれか．

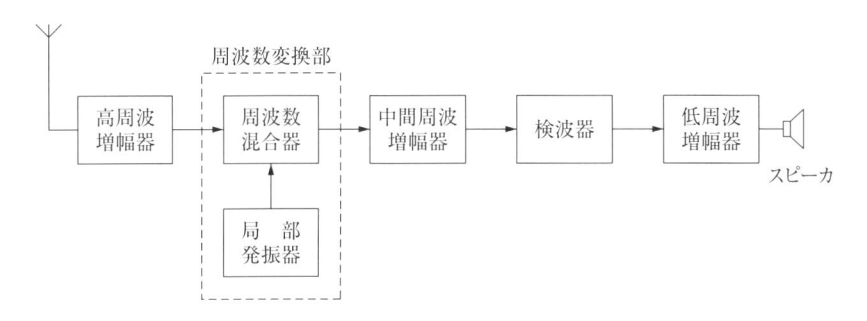

1 高周波増幅器
2 検波器
3 中間周波増幅器
4 周波数混合器

## 解説 → 問115

局部発振器の出力にスプリアス成分（よけいな周波数成分）があると，その成分と受信する電波の周波数とが中間周波数に変換される関係があるときに混信となる．

## 解説 → 問116

中間周波増幅器では，一般に入力信号周波数と局部発振周波数の差の周波数成分が増幅される．

> **関連知識**：スーパヘテロダイン受信機の入力信号周波数を $f_R$ [kHz]，局部発振器の局部発振周波数を $f_L$ [kHz] とすると，周波数混合器で変換される中間周波数 $f_I$ [kHz] は，次式の関係がある．
> $f_L - f_R = f_I$ 　　（例えば，3,955 － 3,500＝455 [kHz]）
> 又は，
> $f_R - f_L = f_I$ 　　（例えば，3,500 － 3,045＝455 [kHz]）

## 解説 → 問117

検波器は，中間周波数に変換された受信信号電波から，音声信号を取り出す働きをする．DSB（A3E）受信機では直線検波回路等が用いられる．

検波された音声信号は，低周波増幅器によってスピーカを動作させるために必要な電力に増幅される．

**解答** 問115→3　問116→1　問117→2

## 問 118

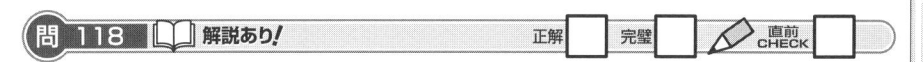

図は，DSB（A3E）ダブルスーパヘテロダイン受信機の構成の一部を示したものである．図の空欄の部分に入れるべきものは，次のうちどれか．

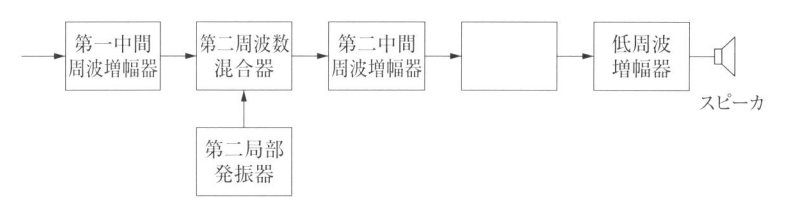

第一中間周波増幅器 → 第二周波数混合器 → 第二中間周波増幅器 → □ → 低周波増幅器 → スピーカ

第二局部発振器 → 第二周波数混合器

1　周波数弁別器　　　　2　直線検波器
3　振幅制限器　　　　　4　再生検波器

## 問 119

スーパヘテロダイン受信機に直線検波器が用いられる理由で，誤っているのはどれか．

1　大きな中間周波出力電圧が検波器に加わるから．
2　入力が小さくても大きな検波出力が取り出せるから．
3　大きな入力に対してひずみが少ないから．
4　忠実度を良くすることができるから．

## 問 120

受信入力が変動すると，出力が不安定となる．この出力を一定に保つための働きをする回路はどれか．

1　クラリファイヤ回路（又はRIT回路）　　　2　スケルチ回路
3　AGC回路　　　　　　　　　　　　　　　4　IDC回路

## 問 121

受信電波の強さが変動しても，受信出力を一定にする働きをするものは，何と呼ばれるか．

1　AGC　　2　BFO　　3　AFC　　4　IDC

## 解説 → 問118

　直線検波器は，第二中間周波数に変換された受信信号電波から，音声信号を取り出す働きをする．検波された音声信号は，低周波増幅器によってスピーカを動作させるために必要な電力に増幅される．

　ダブルスーパヘテロダイン受信機は，周波数の高い第一中間周波数に変換して増幅した後に，周波数の低い第二中間周波数に変換して増幅する方式である．

　周波数弁別器，振幅制限器は，FM（F3E）受信機に用いられる．

## 解説 → 問119

　直線検波器は，入力電圧が大きいときに入力電圧と出力電圧が直線的に変化する特性を持っている．入力電圧が大きいときにひずみの少ない検波を行うことができる．

　入力が小さくても大きな検波出力が取り出せる回路には，二乗検波回路がある．

**検波器は復調器ともいう**

## 解説 → 問120

　受信機の受信入力が変動すると，出力も変動して不安定になる．この出力を一定に保つにはAGC回路が用いられる．

　AGC（自動利得制御）回路は，受信入力電波が強いときは受信機の利得を下げる．受信入力電波が弱いときは受信機の利得を上げる．このように動作することで，受信機の利得を制御して受信機出力を一定にする．AGCは，Automatic（オートマチック/自動）Gain（ゲイン/利得）Control（コントロール/制御）のこと．

　誤っている選択肢は，
1　クラリファイヤ回路（又はRIT回路）は，SSB受信機で用いられる．
2　スケルチ回路は，FM受信機で用いられる．
4　IDC回路は，Instantaneous（インスタンテニアス/瞬時）Deviation（デビエーション/周波数偏移）Control（コントロール/制御）のこと．FM送信機で用いられる．

## 解説 → 問121

　受信機の受信電波の強さが変動しても，受信出力を一定にする働きをするものは，受信機の利得を制御して受信機出力を一定にするAGC（自動利得制御）回路．

**解答**　問118→2　問119→2　問120→3　問121→1

## 問122

受信機にAGC回路を設ける理由は，次のうちどれか．

1 フェージングの影響を少なくする．
2 選択度を良くする．
3 影像周波数混信を少なくする．
4 増幅度を大きくする．

## 問123

次の文の□□□の部分に当てはまる字句の組合せで，正しいのはどれか．

フェージングなどにより受信電波が時間とともに変化する場合，電波が強くなったときには受信機の利得を A ，また，電波が弱くなったときには利得を B て，受信機の出力を一定に保つ働きをする回路を C という．

|   | A | B | C |
|---|---|---|---|
| 1 | 上げ | 下げ | AGC回路 |
| 2 | 下げ | 上げ | AGC回路 |
| 3 | 上げ | 下げ | AFC回路 |
| 4 | 下げ | 上げ | AFC回路 |

## 問124

受信機のSメータが指示するものは，次のうちどれか．

1 局部発振器の出力電流
2 電源の一次電圧
3 検波電流
4 電源の出力電圧

## 解説 → 問122

受信機のAGC回路は，受信電波の強さが変動しても受信機の出力信号の大きさを一定にする回路だから，フェージングの影響を少なくすることができる．

フェージングとは，電波の伝わる状態により受信点で電波の強さが時間とともに変動する現象のこと．

## 解説 → 問123

解説図にスーパヘテロダイン受信機の構成を示す．AGC回路は受信電波に比例した電圧を検波器出力から得て，電波が強くなったときには中間周波増幅器及び高周波増幅器の利得を下げ，電波が弱くなったときには利得を上げて，受信機の出力を一定にする．

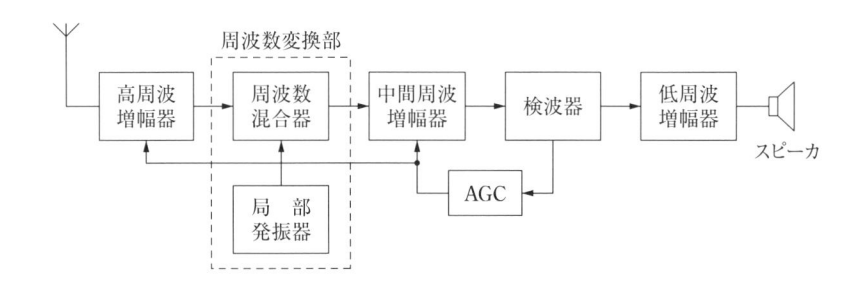

```
                周波数変換部
               ┌─────────┐
  ┌──┐   ┌──┐ ┌──┐   ┌──┐   ┌──┐   ┌──┐
  │高周波│→│周波数│→│中間周波│→│検波器│→│低周波│→ スピーカ
  │増幅器│  │混合器│  │増幅器│   │    │   │増幅器│
  └──┘   └──┘   └──┘   └──┘   └──┘
            ↑              ↓
          ┌──┐          ┌───┐
          │局 部│          │ AGC │
          │発振器│          └───┘
          └──┘
```

## 解説 → 問124

Sメータは，受信電波の強さを指示するメータである．検波器出力から受信電波の強さに比例する検波電流を取り出してメータを振らせることによって，受信電波の強さを表示することができる．

**解答** 問122→1　問123→2　問124→3

# 問題

## 問 125 解説あり！

SSB（J3E）受信機において，SSB変調波から音声信号を得るためには，図の空欄の部分に何を設ければよいか．

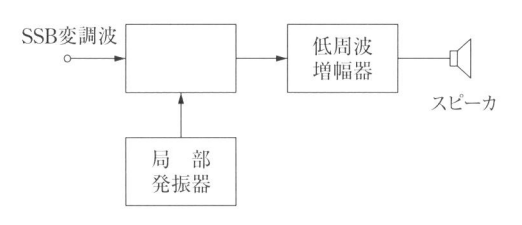

```
SSB変調波 → [ ] → 低周波増幅器 → スピーカ
              ↑
           局部発振器
```

1　中間周波増幅器　　　2　クラリファイヤ（又はRIT）
3　帯域フィルタ（BPF）　4　検波器

## 問 126 解説あり！

SSB（J3E）受信機において，SSB変調波から音声信号を得るためには，図の空欄の部分に何を設ければよいか．

```
SSB変調波 → 検波器 → 低周波増幅器 → スピーカ
              ↑
            [   ]
```

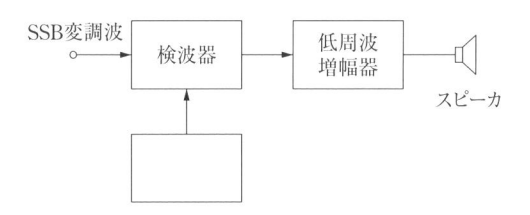

1　クラリファイヤ（又はRIT）　　2　AGC
3　局部発振器　　　　　　　　　　4　スケルチ

## 問 127 解説あり！

SSB（J3E）受信機において，クラリファイヤ（又はRIT）を設ける目的は，次のうちどれか．

1　受信信号の明りょう度を良くする．
2　受信強度の変動を防止する．
3　受信周波数目盛りを校正する．
4　受信雑音を軽減する．

## 📖 解説 ➜ 問125

　SSB（J3E）受信機では，SSB変調波の搬送波の周波数に相当する周波数の高周波を局部発振器で発生させ，検波器で混合し検波することによって，SSB変調波から音声信号を取り出す．

　SSBの検波にはプロダクト検波回路等が用いられる．

## 📖 解説 ➜ 問126

　SSB変調波は搬送波がないので，SSB（J3E）受信機において，検波器出力から音声信号を得るためには，SSB変調波の搬送波に相当する周波数の局部発振器出力が必要である．

> ブロックに入力がなく，矢印が外を向いた出力のみのブロックは，発振器を表す

## 📖 解説 ➜ 問127

　SSB変調波は搬送波がないので，SSB（J3E）受信機では，搬送波に相当する周波数の高周波を検波器に混合するが，送信周波数と受信周波数の関係がずれると復調した音声の周波数もずれて，受信機の出力信号にひずみが生じて明りょう度が悪くなる．そのとき受信周波数を微調整することによって受信信号の明りょう度を良くする回路をクラリファイヤ（又はRIT）という．

> RITは，リットという

**解答**　問125 ➜ 4　　問126 ➜ 3　　問127 ➜ 1

## 問題

**問 128**

SSB（J3E）受信機において，受信周波数がずれてスピーカから聞こえる音声がひずんでいるとき，受信信号の明りょう度を良くするために調整するのは，次のうちどれか．

1　AGC　　2　IDC　　3　音量調整　　4　クラリファイヤ（又はRIT）

**問 129**

SSB（J3E）受信機で受信しているとき，受信周波数がずれてスピーカから聞こえる音声がひずんできた場合，どのようにしたらよいか．

1　AGC回路を「断」にする．
2　クラリファイヤ（又はRIT）を調整し直す．
3　帯域フィルタ（BPF）の通過帯域幅を狭くする．
4　音量調整器を回して音量を大きくする．

**問 130**

クラリファイヤ（又はRIT）の動作で，正しいのはどれか．

1　局部発振器の発振周波数を変化させる．
2　低周波増幅器の出力を変化させる．
3　検波器の出力を変化させる．
4　高周波増幅器の同調周波数を変化させる．

**問 131**

SSB（J3E）受信機で，構成上不要なものはどれか．

1　クラリファイヤ（又はRIT）
2　AGC
3　スピーチクリッパ
4　局部発振器

## 解説 → 問128

SSB（J3E）受信機において，送信周波数と受信周波数の関係がずれて受信信号の明りょう度が悪くなったとき，明りょう度を良くするために調整する回路は，クラリファイヤ（又はRIT）．

## 解説 → 問129

SSB（J3E）受信機において，送信周波数と受信周波数の関係がずれてスピーカから聞こえる音声がひずんできた場合，クラリファイヤ（又はRIT）を調整する．

## 解説 → 問130

クラリファイヤ（又はRIT）は，受信機の局部発振器の発振周波数を変化させることによって，受信周波数を微調整する．

SSB（J3E）受信機の構成を解説図に示す．送信電波の搬送波の位置と局部発振器で混合する搬送波の位置がずれると，音声信号出力の周波数がずれて明りょう度が悪くなる．

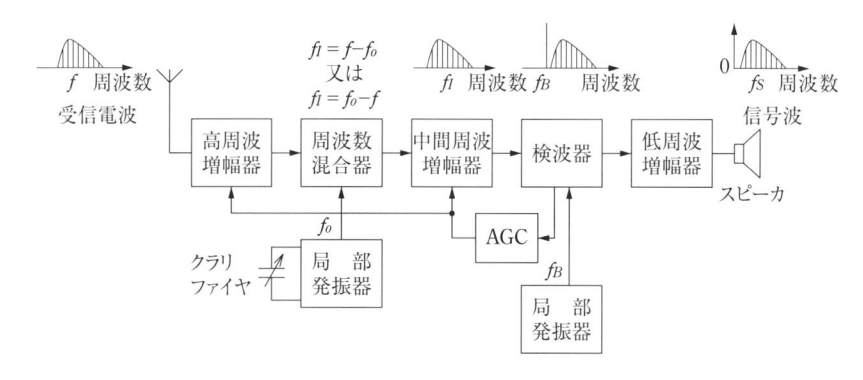

## 解説 → 問131

スピーチクリッパは送信機で用いられる回路で，音声信号の入力レベルを一定値に抑える回路である．過変調の防止などに用いられる．

解答　問128→4　　問129→2　　問130→1　　問131→3

## 問題

### 問 132 解説あり！

FM (F3E) 受信機の振幅制限器の働きについて述べたものである．正しいのはどれか．

1 受信電波が無くなったときに生ずる大きな雑音を消す．
2 選択度を良くし近接周波数による混信を除去する．
3 受信電波の周波数の変化を振幅の変化に直し，信号を取り出す．
4 受信電波の振幅を一定にして，振幅変調成分を取り除く．

### 問 133 解説あり！

図は，FM (F3E) 受信機の構成の一部を示したものである．空欄の部分に入れるべき名称で，正しいのは次のうちどれか．

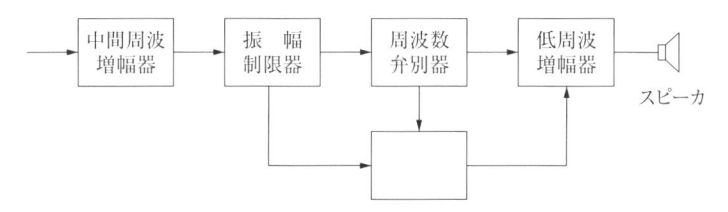

中間周波増幅器 → 振幅制限器 → 周波数弁別器 → 低周波増幅器 → スピーカ

1 定電圧回路　　2 スケルチ回路　　3 局部発振器　　4 AGC回路

### 問 134 解説あり！

次の記述は，FM (F3E) 受信機のスケルチ回路について述べたものである．正しいものはどれか．

1 受信電波の周波数成分を振幅の変化に変換し，信号を取り出す回路
2 受信電波の振幅を一定にして，振幅変調成分を取り除く回路
3 受信電波が無いときに出る大きな雑音を消す回路
4 受信電波の近接周波数による混信を除去する回路

## 解説 ➡ 問132

　FM（F3E）受信機おいて，振幅制限器は受信電波の振幅を一定にして，振幅成分を取り除く．
　FM変調波は周波数の偏移に信号成分が含まれるので，振幅を一定にしても信号成分が損なわれない．振幅制限器を用いることでFMは雑音の影響を受けにくくなる．
　誤っている選択肢は，
1　受信電波が無くなったときに生ずる大きな雑音を消すのは，スケルチ回路．
2　選択度を良くし近接周波数による混信を除去するためには，中間周波増幅器に水晶フィルタ又は中間周波変成器（IFT）を用いる．
3　受信電波の周波数の変化を振幅の変化に直し，信号を取り出すのは周波数弁別器．

## 解説 ➡ 問133

　スケルチ回路は，振幅制限器と周波数弁別器から雑音電圧を取り出して，低周波増幅器の動作を止めて雑音を消す．

> スケルチ回路は，低周波増幅器を制御する方向に矢印が向いている

## 解説 ➡ 問134

　FM（F3E）受信機において，受信電波が無いときは，受信機の出力に大きく耳障りな雑音が発生するのでスケルチ回路を用いる．スケルチ回路は，雑音電圧を取り出して低周波増幅器の動作を止めて雑音を消す回路．
　誤っている選択肢は，
1　周波数弁別器
2　振幅制限器
4　水晶フィルタ又は中間周波変成器（IFT）

---

**解答**　問132 ➡ 4　　問133 ➡ 2　　問134 ➡ 3

**出題傾向**　**問133** 誤った選択肢が次と入れ替わっている問題も出題されている．解答は同じ．「BFO」

## 問 135

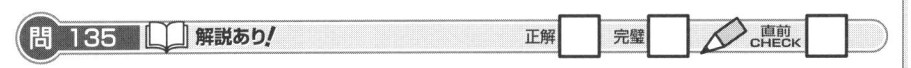

次の記述は，FM（F3E）受信機のどの回路について述べたものか．

この回路は，受信電波が無いときに復調出力に現れる雑音電圧を利用して，低周波増幅回路の動作を止めて，耳障りな雑音がスピーカから出るのを防ぐものである．

1 振幅制限回路　　　　2 スケルチ回路
3 周波数弁別回路　　　4 AFC回路

## 問 136

図は，FM（F3E）受信機の構成の一部を示したものである．空欄の部分に入れるべき名称で，正しいのは次のうちどれか．

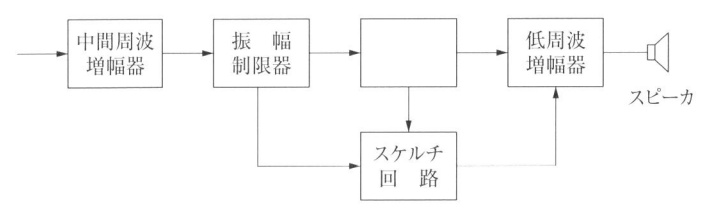

中間周波増幅器 → 振幅制限器 → □ → 低周波増幅器 → スピーカ
　　　　　　　　　　　　　　↓　　　↑
　　　　　　　　　　　　スケルチ回路

1 周波数弁別器　　2 緩衝増幅器　　3 直線検波器　　4 周波数逓倍器

## 問 137

次の記述の□内に入れるべき字句の組合せで，正しいのはどれか．

周波数弁別器は，□A□の変化を□B□の変化に変換する回路であり，主としてFM波の□C□に用いられる．

|   | A | B | C |
|---|---|---|---|
| 1 | 周波数 | 振幅 | 復調 |
| 2 | 周波数 | 振幅 | 変調 |
| 3 | 振幅 | 周波数 | 復調 |
| 4 | 振幅 | 周波数 | 変調 |

## 解説 → 問135

FM（F3E）受信機において，受信電波が無いときに周波数弁別器の復調出力に現れる雑音電圧を利用して，低周波増幅器の動作を止めるのはスケルチ回路である．

## 解説 → 問136

振幅制限器を通った中間周波数の信号波を復調して，低周波増幅器に送る回路は周波数弁別器．

周波数弁別器は，周波数変調波を復調する回路である．周波数変調波の周波数の変化を振幅の変化に直し信号波を復調することができる．

## 解説 → 問137

周波数弁別器は，解説図のように入力周波数の変化を振幅（出力電圧）の変化に変換する特性を持つ．

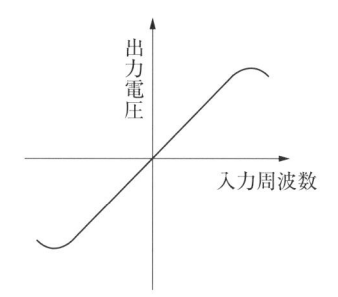

**解答** 問135→2　問136→1　問137→1

**出題傾向**
問136　誤った選択肢が次と入れ替わっている問題も出題されている．解答は同じ．
「プロダクト検波器」

## 問題

### 問 138 解説あり！

FM（F3E）受信機において，復調器として用いられるのは，次のうちどれか．

1 二乗検波器
2 周波数弁別器
3 プロダクト検波器
4 ヘテロダイン検波器

### 問 139 解説あり！

次の記述は，FM（F3E）受信機の周波数弁別器の働きについて述べたものである．正しいのはどれか．

1 近接周波数による混信を除去する．
2 受信電波が無くなったときに生ずる大きな雑音を消す．
3 受信電波の振幅を一定にして，振幅変調成分を取り除く．
4 受信電波の周波数の変化を振幅の変化に直し，信号を取り出す．

### 問 140 解説あり！

スーパヘテロダイン受信機において，影像混信を軽減する方法で，誤っているのはどれか．

1 アンテナ回路にウェーブトラップを挿入する．
2 高周波増幅部の選択度を高くする．
3 中間周波増幅部の利得を下げる．
4 中間周波数を高くする．

### 問 141 解説あり！

スーパヘテロダイン受信機の近接周波数に対する選択度特性に最も影響を与えるものはどれか．

1 検波器
2 高周波増幅器
3 周波数変換器
4 中間周波増幅器

## 📖 解説 ➡ 問138

FM（F3E）受信機において，周波数変調波から信号を復調するには，周波数弁別器が用いられる．

二乗検波器はDSB（A3E）受信機の復調に用いられる．

プロダクト検波器とヘテロダイン検波器はSSB（J3E）の復調に用いられる．

> 「弁別」は違いを見分けて区別する意味

## 📖 解説 ➡ 問139

FM（F3E）受信機において，周波数弁別器は受信電波の周波数の変化を振幅の変化に直し，信号波を取り出す復調器に用いられる．

誤っている選択肢は，
1　水晶フィルタ又は中間周波変成器（IFT）
2　スケルチ回路
3　振幅制限器

## 📖 解説 ➡ 問140

スーパヘテロダイン受信機で発生する影像混信は，受信機内部で中間周波数に変換するときに受信電波の周波数から局部発振器の周波数の差をとって中間周波数とするが，局部発振器の周波数から混信する電波の周波数の差をとると中間周波数となる関係があるときに妨害が発生する．

中間周波数を高くすると受信周波数との差が大きくなるので，高周波増幅器の選択度特性によって，妨害が減少する．ウェーブトラップは特定の周波数の妨害波を除去することができる．中間周波増幅器の利得を下げても影像混信は軽減できない．

## 📖 解説 ➡ 問141

スーパヘテロダイン受信機の近接周波数に対する選択度特性に最も影響を与えるのは，中間周波増幅器である．近接周波数の選択度特性を良くするには，中間周波増幅器に水晶フィルタ又は中間周波変成器（IFT）を用いる．

**解答**　問138➡2　問139➡4　問140➡3　問141➡4

**出題傾向**　問141　誤った選択肢が次と入れ替わっている問題も出題されている．解答は同じ．「低周波増幅器」

## 問題

### 問 142

スーパヘテロダイン受信機において，近接周波数による混信を軽減する最も効果的な方法は，次のうちどれか．

1　AGC回路を断（OFF）にする．
2　高周波増幅器の利得を下げる．
3　局部発振器に水晶発振回路を用いる．
4　中間周波増幅部に適切な特性の帯域フィルタ（BPF）を用いる．

### 問 143

スーパヘテロダイン受信機において，中間周波変成器（IFT）の調整が崩れ，帯域幅が広がるとどうなるか．

1　強い電波を受信しにくくなる．
2　影像周波数による混信を受けやすくなる．
3　近接周波数による混信を受けやすくなる．
4　出力の信号対雑音比が良くなる．

### 問 144

無線受信機のスピーカから大きな雑音が出ているとき，これが外来雑音によるものかどうかを確かめるためには，どうすればよいか．

1　アンテナ端子とアース端子間を導線でつなぐ．
2　アンテナを外し，新しい別のアンテナと交換する．
3　アンテナ端子とアース端子間を高抵抗でつなぐ．
4　アース線を外し，受信機の同調をずらす．

## 解説 ➡ 問142

スーパヘテロダイン受信機の近接周波数による混信を軽減するには、近接周波数に対する選択度特性を良くするために、中間周波増幅部に適切な特性の帯域フィルタ（BPF）を用いる．帯域フィルタとしては、水晶フィルタ又は中間周波変成器（IFT）が用いられる．

> BPFは，Band(バンド/帯域) Pass(パス/通過) Filter(フィルタ) のこと

## 解説 ➡ 問143

スーパヘテロダイン受信機の中間周波増幅器に用いられる中間周波変成器（IFT）は、コイルとコンデンサを用いた並列共振回路である．中間周波変成器の調整が崩れると、共振回路の共振周波数特性が悪くなって周波数帯域幅が広がるので、近接周波数による混信を受けやすくなる．

## 解説 ➡ 問144

無線受信機のスピーカから大きな雑音が出ているとき、これが外来雑音によるものかどうかを確かめるためには、アンテナ端子とアース端子を導線でつなぐ．

導線でつないだときに、雑音がなくなれば外来雑音によるものである．雑音がなくならないときは、受信機内部の雑音である．

> アンテナ端子とアース端子を導線でつなぐと、受信電波を遮断することができる

**解答** 問142➡4　問143➡3　問144➡1

### 問 145

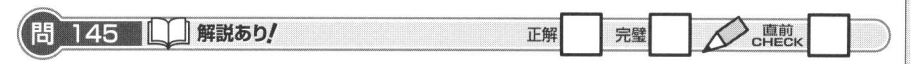

アマチュア局の電波が近所のテレビジョン受像機に電波障害を与えることがあるが，これを通常何といっているか．

1　アンプI　　2　BCI　　3　スプリアス妨害　　4　TVI

### 問 146

アマチュア局の電波が近所のラジオ受信機に電波障害を与えることがあるが，これを通常何といっているか．

1　TVI　　2　BCI　　3　アンプI　　4　テレホンI

### 問 147

送信設備から電波が発射されているとき，BCIの発生原因として挙げられた次の現象のうち，誤っているのはどれか．

1　送信アンテナが送電線に接近している．
2　アンテナ結合回路の結合度が疎になっている．
3　過変調になっている．
4　寄生振動が発生している．

### 問 148

他の無線局に受信障害を与えるおそれが最も低いのは，次のうちどれか．

1　送信電力が低下したとき．
2　寄生振動があるとき．
3　高調波が発射されたとき．
4　妨害を受ける受信アンテナが近いとき．

## 📖 解説 ➡ 問145

アマチュア局の送信する電波が原因で，近所のテレビジョン受像機の画面が乱れたり音声等が混入したりする電波障害をTVIという．

TVIは，Television（テレビジョン）Interference（インターフェアレンス/妨害）のこと．

## 📖 解説 ➡ 問146

アマチュア局の送信する電波が原因で，近所のラジオ受信機の音声等が聞こえにくくなったりアマチュア局の送信する電波の音声等が混入したりする電波障害をBCIという．

BCIは，Broadcast（ブロードキャスト/放送）Interference（インターフェアレンス/妨害）のこと．

アンプIは，オーディオプレーヤやステレオアンプ等の音声や音楽が聞こえにくくなったり，アマチュア局の送信する電波の音声等が混入したりする障害のこと．

テレホンIは，固定電話にアマチュア局の送信する電波の音声等が混入したりする障害のこと．

## 📖 解説 ➡ 問147

送信機とアンテナ間のアンテナ結合回路の結合が疎になっているときは，BCIの発生原因にはならない．

結合が密になっていると，送信機の終段回路に影響してスプリアス発射によりBCIの発生原因となることがある．

「疎」か「密」の場合に，良好なのが「疎」

## 📖 解説 ➡ 問148

他の無線局に受信障害を与えるおそれが最も低いのは，送信電力が低下したときである．
寄生振動があると，寄生振動の周波数の電波に妨害を与える．
送信電波の整数倍の高調波発射があると，高調波の周波数の電波に妨害を与える．
妨害を受ける受信アンテナが近いときは，強力な電波によって受信機に混変調等の妨害を与える．

---

**解答** 問145➡4　問146➡2　問147➡2　問148➡1

**出題傾向** 問148　誤った選択肢が次と入れ替わっている問題も出題されている．解答は同じ．
「障害を受ける受信アンテナが近いとき．」

## 問 149

　FM（F3E）送信機で28〔MHz〕の周波数の電波を発射したところ，FM放送受信に混信を与えた．送信側で考えられる混信の原因として，正しいのは次のうちどれか．

1　1/3倍の低調波が発射されている．
2　同軸給電線が断線している．
3　過変調になっている．
4　第3高調波が強く発射されている．

## 問 150

　50〔MHz〕の電波を発射したところ，150〔MHz〕の電波を受信している受信機に妨害を与えた．送信機側で考えられる妨害の原因は，次のうちどれか．

1　第2高調波が強く発射されている．
2　第3高調波が強く発射されている．
3　第4高調波が強く発射されている．
4　第5高調波が強く発射されている．

## 問 151

　50〔MHz〕の電波を発射したところ，150〔MHz〕の電波を受信している受信機に妨害を与えた．送信機側で通常考えられる妨害の原因は，次のうちどれか．

1　高調波が強く発射されている．
2　送信周波数が少しずれている．
3　同軸給電線が断線している．
4　過変調になっている．

## 📖 解説 ➜ 問149

送信周波数28〔MHz〕の第3高調波は,
　$28 \times 3 = 84$〔MHz〕
となる.
　FM放送の周波数76〜90〔MHz〕の受信に混信を与える.

## 📖 解説 ➜ 問150

送信周波数50〔MHz〕の第3高調波は,
　$50 \times 3 = 150$〔MHz〕
となる.
　150〔MHz〕の電波を受信している受信機に妨害を与える.

## 📖 解説 ➜ 問151

送信周波数50〔MHz〕の第3高調波が150〔MHz〕だから,高調波が強く発射されていると150〔MHz〕の電波を受信している受信機に妨害を与える.

---

**解答** 問149 ➜ 4　　問150 ➜ 2　　問151 ➜ 1

**出題傾向**
**問149** 誤った選択肢が次と入れ替わっている問題も出題されている. 解答は同じ.
「送信周波数がすこしずれている.」,「スケルチを強くかけすぎている.」
**問151** 誤った選択肢が次と入れ替わっている問題も出題されている. 解答は同じ.
「スケルチを強くかけすぎている.」

## 問 152

アマチュア局から発射された435MHz帯の基本波が，地デジ（地上デジタルテレビ放送470〜710MHz）のアンテナ直下型受信用ブースタに混入し電波障害を与えた．この防止対策として，地デジアンテナと受信用ブースタとの間に挿入すればよいのは，次のうちどれか．

1 ラインフィルタ
2 トラップフィルタ
3 低域フィルタ（LPF）
4 SWRメータ

## 問 153

ラジオ受信機に付近の送信機から強力な電波が加わると，受信された信号が受信機の内部で変調され，BCIを起こすことがある．この現象を何変調と呼んでいるか．

1 過変調　　2 平衡変調　　3 混変調　　4 位相変調

## 問 154

アマチュア局から発射された電波のうち，短波（HF）の基本波によって他の超短波（VHF）帯の受信機に電波障害が生じた．この防止対策として受信機のアンテナ端子と給電線の間に，次のうちどれを挿入すればよいか．

1 低域フィルタ（LPF）　　　2 高域フィルタ（HPF）
3 アンテナカプラ　　　　　　4 ラインフィルタ

## 問 155

受信機に電波障害を与えるおそれが最も低いものは，次のうちどれか．

1 高周波ミシン　　　　2 電気溶接機
3 自動車の点火栓　　　4 電波時計

## 解説 → 問152

435MHz帯の周波数の電波を通さないトラップフィルタを挿入する.

## 解説 → 問153

ラジオ受信機に付近の送信機から強力な電波が加わると，受信された信号が受信機内部で変調されて，混変調によるBCIを起こすことがある.

混変調は受信機内部の増幅回路に強力な電波が加わると発生する. 目的の受信信号が送信電波の信号波によって変調される現象である.

## 解説 → 問154

解説図に示すように，テレビジョン受像器のアンテナ端子と給電線に高域フィルタを挿入すればよい.

HPFは, High (ハイ/高域) Pass (パス/通過) Filter (フィルタ)のこと

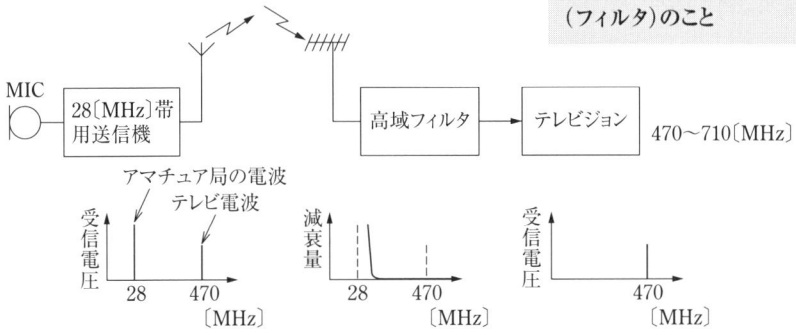

## 解説 → 問155

電波時計は，小型の受信機なので雑音電波を発生しない.

高周波ミシンは，高周波を利用してビニル等を接着する高周波利用設備なので，電波が漏れて雑音電波を発生させることがある.

電気溶接機は，電気を利用して金属を溶接するので雑音電波を発生させることがある.

自動車の点火栓（スパークプラグ）は，電気によって火花放電するので，雑音電波を発生させることがある.

**解答** 問152→2  問153→3  問154→2  問155→4

## 問156

次の記述は，リチウムイオン蓄電池の特徴について述べたものである．☐内に入れるべき字句の組合せで，正しいのはどれか．

リチウムイオン蓄電池は，小型軽量で電池1個当たりの端子電圧は1.2〔V〕より ☐ A ☐．また，自然に少しずつ放電する自己放電量が，ニッケルカドミウム蓄電池より少なく，メモリー効果がないので，継ぎ足し充電が ☐ B ☐．

|   | A | B |
|---|---|---|
| 1 | 低い | できない |
| 2 | 低い | できる |
| 3 | 高い | できない |
| 4 | 高い | できる |

## 問157

同じ規格の乾電池を並列に接続して使用する目的は，次のうちどれか．

1 使用時間を長くする．　2 雑音を少なくする．
3 電圧を高くする．　　　4 電圧を低くする．

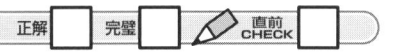

## 問158

容量30〔Ah〕の蓄電池を1〔A〕で連続使用すると，通常は何時間使用できるか．

1 3時間　　2 6時間　　3 10時間　　4 30時間

## 問159

端子電圧6〔V〕，容量60〔Ah〕の蓄電池を3個直列に接続したとき，その合成電圧と合成容量の値の組合せとして，正しいのは次のうちどれか．

|   | 合成電圧 | 合成容量 |   | 合成電圧 | 合成容量 |
|---|---|---|---|---|---|
| 1 | 6〔V〕 | 60〔Ah〕 | 2 | 18〔V〕 | 60〔Ah〕 |
| 3 | 6〔V〕 | 180〔Ah〕 | 4 | 18〔V〕 | 180〔Ah〕 |

## 📖 解説 ➡ 問156

リチウムイオン蓄電池は，小型軽量で電池1個の端子電圧は3.6～3.7〔V〕なので，1.2〔V〕よりも高い．また，自己放電量が少なく，メモリー効果がないので継ぎ足し充電ができる特徴がある．メモリー効果とは，電池の容量が残っているときに充電すると，充電できる容量が減少したように見える現象のこと．

## 📖 解説 ➡ 問157

同じ規格の乾電池を並列に接続して使用すると，電圧は変わらないが容量は電池の個数倍になるので，電池の使用時間を長くすることができる．

**電池の容量の単位はアンペア時（記号〔Ah〕）**

解説図(a)のような電池の接続を直列接続という．電池を直列接続すると合成電圧は，それらの電池の電圧の和になるが，電池の容量は変わらない．図(b)のような電池の接続を並列接続という．電池を並列接続すると合成電圧は変わらないが，電池の容量はそれらの電池の容量の和になる．

電池に負荷を接続して，どれだけの時間電流を流せるかの能力を電池の容量という．電池の容量は，放電する電流と時間の積で表される．

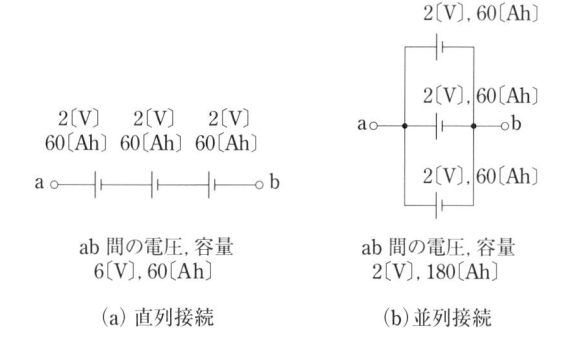

2〔V〕 2〔V〕 2〔V〕
60〔Ah〕60〔Ah〕60〔Ah〕

a○―┤├―┤├―┤├―○b

ab間の電圧，容量
6〔V〕，60〔Ah〕

(a) 直列接続

2〔V〕，60〔Ah〕
2〔V〕，60〔Ah〕
2〔V〕，60〔Ah〕

a○―○b

ab間の電圧，容量
2〔V〕，180〔Ah〕

(b) 並列接続

## 📖 解説 ➡ 問158

電池の容量は，電流×時間で表される．電流が1〔A〕だから電流を流せる時間は30時間になる．

## 📖 解説 ➡ 問159

電池を直列接続したときの合成電圧は，電池1個の電圧の個数倍になる．
　6×3＝18〔V〕
また，直列接続したときの合成容量は，電池1個の容量と同じである．

**解答** 問156➡4　問157➡1　問158➡4　問159➡2

### 問 160

一次巻線と二次巻線の比が1:3の電源変圧器において，一次側にAC100〔V〕を加えたとき，二次側に現れる電圧は幾らか．

1　33.3〔V〕　　2　173〔V〕　　3　300〔V〕　　4　900〔V〕

### 問 161

二次側コイルの巻数が10回の電源変圧器において，一次側にAC100〔V〕を加えたところ，二次側に5〔V〕の電圧が現れた．この電源変圧器の一次側コイルの巻数は幾らか．

1　20回　　2　50回　　3　100回　　4　200回

### 問 162

接合ダイオードは整流に適した特性を持っている．接合ダイオードの記述として，次に挙げた特性のうち，正しいのはどれか．

1　順方向電圧を加えたとき電流は流れにくい．
2　逆方向電圧を加えたとき内部抵抗は小さい．
3　順方向電圧を加えたとき内部抵抗は小さい．
4　逆方向電圧を加えたとき電流は安易に流れる．

### 問 163

図は，半導体ダイオードを用いた半波整流回路である．この回路に流れる電流 $i$ の方向と出力電圧の極性との組合せで，正しいのはどれか．

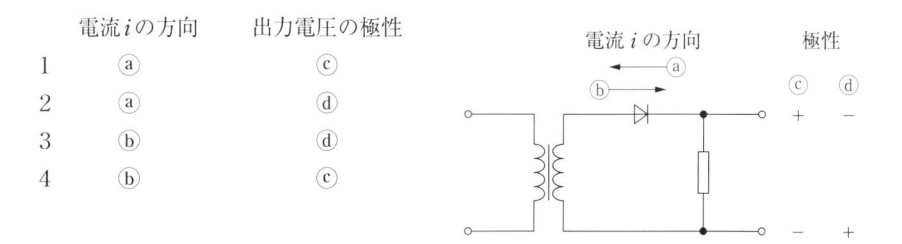

|   | 電流 $i$ の方向 | 出力電圧の極性 |
|---|---|---|
| 1 | ⓐ | ⓒ |
| 2 | ⓐ | ⓓ |
| 3 | ⓑ | ⓓ |
| 4 | ⓑ | ⓒ |

## 📖 解説 ➡ 問160

変圧器（トランス）は鉄心に一次側と二次側のコイルを巻いたもので，一次側に交流電圧を加えると二次側に変換された電圧を取り出すことができる．

一次側の巻線数を $N_1$，二次側の巻線数を $N_2$，一次側の電圧を $V_1$〔V〕，二次側の電圧を $V_2$〔V〕とすると，

$$V_2 = \frac{N_2}{N_1} \times V_1 = \frac{3}{1} \times 100 = 300 \text{〔V〕}$$

> 巻き線数の比と電圧の比は等しい
> $V_1 : V_2 = N_1 : N_2$

## 📖 解説 ➡ 問161

$$N_1 = \frac{V_1}{V_2} \times N_2 = \frac{100}{5} \times 10 = 20 \times 10 = 200$$

## 📖 解説 ➡ 問162

整流器は正負に変化する交流電圧を，一方向の極性で変化する脈流電圧にする．整流器には接合ダイオードが用いられる．接合ダイオードは次の特性を持つ．

順方向電圧を加えたときに電流が流れる．（内部抵抗が小さい．）
逆方向電圧を加えたときに電流は流れにくい．（内部抵抗が大きい．）

## 📖 解説 ➡ 問163

解説図のように，交流入力電圧が正（＋）のときダイオードには電流が流れる．問題の図の電流の方向はⓑの向きとなる．出力電圧の極性は，抵抗に電流が流れ込む向きが正（＋）になるのでⓒの向きとなる．

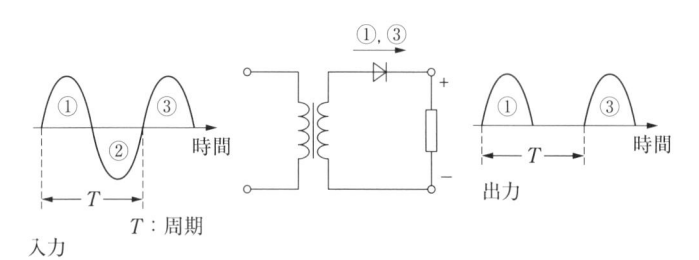

## 解答 問160➡3　問161➡4　問162➡3　問163➡4

## 問 164

図に示す整流回路において，この名称と出力側a点の電圧の極性との組合せで，正しいのはどれか．

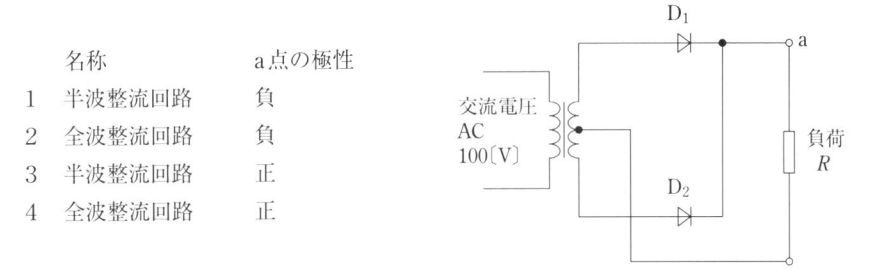

|   | 名称 | a点の極性 |
|---|---|---|
| 1 | 半波整流回路 | 負 |
| 2 | 全波整流回路 | 負 |
| 3 | 半波整流回路 | 正 |
| 4 | 全波整流回路 | 正 |

## 問 165

交流入力50〔Hz〕の全波整流回路の出力に現れる脈流の周波数は幾らか．

1  25〔Hz〕　　2  50〔Hz〕　　3  100〔Hz〕　　4  150〔Hz〕

## 問 166

次の文の□の部分に当てはまる字句の組合せは，下記のうちどれか．

シリコン接合ダイオードに加える　A　を次第に増加していくと，ある電圧で急に大電流が流れるようになる．このような特性のダイオードを　B　という．

|   | A | B |
|---|---|---|
| 1 | 逆方向電圧 | 可変容量ダイオード |
| 2 | 順方向電圧 | 定電圧ダイオード |
| 3 | 逆方向電圧 | 定電圧ダイオード |
| 4 | 順方向電圧 | 可変容量ダイオード |

## 📖 解説 ➡ 問164

交流入力電圧が正（＋）のときは，ダイオード$D_1$に電流が流れる．交流入力電圧が負（－）のときは，変圧器（トランス）の出力側の中点に対して下側が正（＋）の向きとなるので，ダイオード$D_2$に電流が流れる．よって，交流入力電圧が正負のどちらのときでも負荷$R$の点aには正（＋）の向きの電圧が発生する．

## 📖 解説 ➡ 問165

解説図のように全波整流回路の出力に現れる脈流の周波数$f_2$は，入力交流周波数$f$の2倍になる．

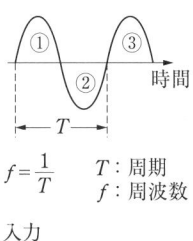

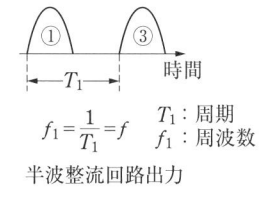

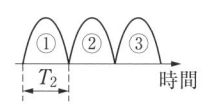

$f = \dfrac{1}{T}$　$T$：周期　$f$：周波数

入力

$f_1 = \dfrac{1}{T_1} = f$　$T_1$：周期　$f_1$：周波数

半波整流回路出力

$f_2 = \dfrac{1}{T_2} = 2f$　$T_2$：周期　$f_2$：周波数

全波整流回路出力

## 📖 解説 ➡ 問166

解説図のようにシリコン接合ダイオードに加える逆方向電圧を次第に増加していくと，ある電圧で急に大電流が流れるようになる．このような特性のダイオードを定電圧ダイオード又はツェナーダイオードという．

定電圧ダイオードは，比較的低い数〔V〕程度の電圧でこのような特性が現れる．

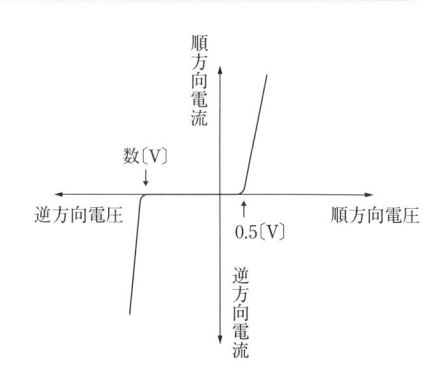

**解答**　問164➡4　問165➡3　問166➡3

## 問 167

電源の定電圧回路に用いられるダイオードは，次のうちどれか．

1　バラクタダイオード
2　ツェナーダイオード
3　ホトダイオード
4　発光ダイオード

## 問 168

ツェナーダイオードは次のうちどの回路に用いられるか．

1　定電圧回路
2　平滑回路
3　共振回路
4　発振回路

## 問 169

「電波」についての説明の中で，誤っているのはどれか．

1　光と同じく電磁波である．
2　真空中は毎秒30万キロメートルの速度で伝搬する．
3　大気中は音波と同じ速度で伝搬する．
4　光より波長が長い．

## 解説 → 問167

電源の定電圧回路に用いられるのはツェナーダイオード．ツェナーダイオードは定電圧ダイオードともいう．

誤っている選択肢は，
1　バラクタダイオードは静電容量を変化させる特性を持つ．
3　ホトダイオードは光を当てると電流が流れる特性を持つ．
4　発光ダイオードは電流を流すと光を発生する特性を持つ．

## 解説 → 問168

整流電源に接続する負荷に流れる電流を大きくすると，出力電圧が下がってしまう．定電圧回路は負荷や入力電圧が変化しても出力電圧を一定にするために用いられる．ツェナーダイオード（定電圧ダイオード）を用いた定電圧回路を解説図に示す．

ツェナーダイオードは逆方向電圧を加えて電圧を増加されると，ある電圧で急に大きな電流が流れ，電圧が一定になる特性を持っている．このとき，ツェナーダイオードを流れる電流の範囲内で，負荷を流れる電流が変化しても負荷に加わる出力電圧は一定となる．

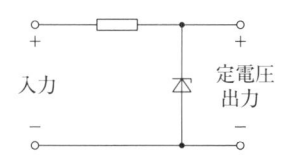

## 解説 → 問169

電波は電界と磁界の波が空間を伝わっていくので電磁波ともいう．電波の波長は光より長いので，光より波としての性質が多く表れる．電波は光と同じ電磁波なので真空中の電波の速度は毎秒30万〔km〕で光と同じである．温度が約15〔℃〕の空気中では，音波の速度は毎秒約340〔m〕だから，電波の速度は音波の速度より速い．

**解答**　問167→2　　問168→1　　問169→3

## 問 170

電波の波長を $\lambda$ 〔m〕，周波数を $f$ 〔MHz〕としたとき，次式の□内に当てはまる数字は，次のうちどれか．

$$\lambda = \frac{\boxed{\phantom{000}}}{f} \text{〔m〕}$$

1　200　　　2　300　　　3　600　　　4　800

## 問 171

波長 10〔m〕の電波の周波数は，幾らになるか．

1　30〔MHz〕　　2　50〔MHz〕　　3　60〔MHz〕　　4　80〔MHz〕

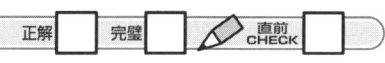

## 問 172

次の記述の□内に当てはまる字句の組合せで，正しいのはどれか．

電波は，磁界と電界が直角になっていて，電界が A と平行になっている電波を B 偏波といい，垂直になっている電波を C 偏波という．

| | A | B | C |
|---|---|---|---|
| 1 | アンテナ | 垂直 | 水平 |
| 2 | 大地 | 垂直 | 水平 |
| 3 | 大地 | 水平 | 垂直 |
| 4 | アンテナ | 水平 | 垂直 |

## 解説 ➔ 問170

電波の電界の瞬間的な状態は解説図のようになる．電界の変化が繰り返す長さを波長（単位：メートル）という．電波の周波数を $f$〔MHz〕（$=10^6$〔Hz〕），速度を $c=3\times10^8$〔m/s〕とすると，波長 $\lambda$〔m〕は次式で表される．

$$\lambda=\frac{c}{f}=\frac{300}{f}\ \text{〔m〕}$$

単位の計算の M は，$10^6$ を表す．
　$1$〔MHz〕$=1\times10^6$〔Hz〕
　　　　　　$=1,000,000$〔Hz〕

> 電界や磁界は電気力線や磁力線の密度のこと

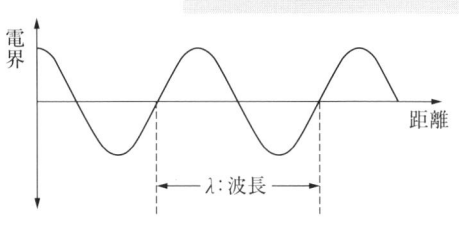

## 解説 ➔ 問171

波長 $\lambda$〔m〕の電波の周波数 $f$〔MHz〕は，次式で表される．

$$f=\frac{300}{\lambda}=\frac{300}{10}=30\ \text{〔MHz〕}$$

## 解説 ➔ 問172

解説図のように，電界が大地と平行になっている電波を水平偏波といい，垂直になっている電波を垂直偏波という．

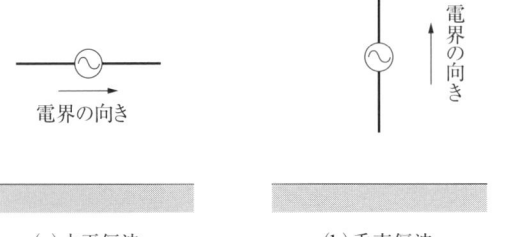

(a) 水平偏波　　(b) 垂直偏波

> 大地に水平に置かれたアンテナからは水平偏波，垂直に置かれたアンテナからは垂直偏波の電波を放射する

**解答**　問170➔2　　問171➔1　　問172➔3

## 問 173

次の記述の 内に当てはまる字句の組合せで，正しいのはどれか．

電波は，電界と磁界が A になっており， B が大地と平行になっている電波を水平偏波という．

|   | A | B |   | A | B |
|---|---|---|---|---|---|
| 1 | 平行 | 電界 | 2 | 直角 | 磁界 |
| 3 | 直角 | 電界 | 4 | 平行 | 磁界 |

## 問 174

アンテナから電波を放射するのに役立っていると考えられる抵抗は，次のうちどれか．

1　漏れ抵抗　　2　放射抵抗　　3　導体抵抗　　4　接地抵抗

## 問 175

半波長ダイポールアンテナを使用して電波を放射したとき，アンテナ電流の値が0.2〔A〕であった．このときの放射電力の値として，最も近いのはどれか．ただし，熱損失となるアンテナ導体の抵抗分は無視するものとする．

1　2〔W〕　　2　3〔W〕　　3　5〔W〕　　4　8〔W〕

## 問 176

7〔MHz〕用の半波長ダイポールアンテナの長さは，ほぼ幾らか．

1　43〔m〕　　2　21〔m〕　　3　11〔m〕　　4　5〔m〕

## 解説 → 問173

空中に置かれたアンテナに高周波電流を流すと電波が発生する．このとき電界はアンテナ軸と平行に発生し，電流によって発生する磁界は，右ねじの法則によってアンテナ軸と直角の方向に発生するので，電界と磁界の向きは直角である．

電界が大地と平行になっている電波を水平偏波という．

## 解説 → 問174

アンテナは空間にエネルギーとして電波を放射するので，これを送信機（高周波電源）側から見ると，抵抗の接続された回路と同じように計算することができる．この等価的な抵抗を放射抵抗という．アンテナから放射される電力 $P$ 〔W〕は，放射抵抗を $R$ 〔Ω〕，アンテナ電流を $I$ 〔A〕とすると次式で表される．

$$P = R \times I^2 \text{ 〔W〕}$$

## 解説 → 問175

半波長ダイポールアンテナの放射抵抗は $R = 75$ 〔Ω〕となる．アンテナから放射される電力 $P$ 〔W〕は，アンテナ電流を $I$ 〔A〕とすると，次式で表される．

$$P = R \times I^2 = 75 \times 0.2^2$$
$$= 75 \times 0.2 \times 0.2 = 15 \times 0.2 = 3 \text{ 〔W〕}$$

$I = \dfrac{V}{R}$
$P = V \times I$
$P = R \times I^2$

## 解説 → 問176

周波数 $f$ 〔MHz〕の電波の波長 $\lambda$ 〔m〕は，次式で表される．

$$\lambda = \frac{300}{f} = \frac{300}{7} ≒ 42 \text{ 〔m〕}$$

半波長ダイポールアンテナの長さは1/2波長だから，これを $\ell$ 〔m〕とすると，

$$\ell = \frac{\lambda}{2} = \frac{42}{2} = 21 \text{ 〔m〕}$$

半波長はアンテナ素子の長さのことで1/2波長の長さ

**解答** 問173→3 問174→2 問175→2 問176→2

## 問 177

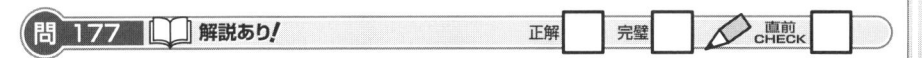

図に示す半波長ダイポールアンテナの給電点インピーダンスは，ほぼ幾らか．

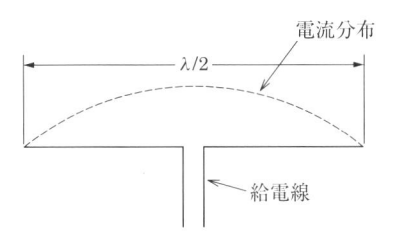

1　300〔Ω〕　　2　150〔Ω〕　　3　75〔Ω〕　　4　36〔Ω〕

## 問 178

水平面内の指向性が図のようになるアンテナは，次のうちどれか．ただし，点Pは，アンテナの位置を示す．

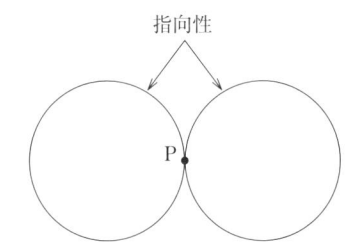

1　スリーブアンテナ
2　ホイップアンテナ
3　八木アンテナ
4　水平半波長ダイポールアンテナ

## 解説 → 問177

　半波長ダイポールアンテナ（1/2波長ダイポールアンテナ）は，問題図のように給電点の両側に1/4波長の長さのアンテナ素子を取り付けた構造のアンテナであり，アンテナ全体の長さがほぼ1/2波長である．

　アンテナ素子上の電流分布は，給電点で最大でありアンテナの先端で最小となる．電圧分布は給電点で最小であり，アンテナの先端で最大となる．放射抵抗（給電点インピーダンス）は約 75〔Ω〕である．

> 給電点は，アンテナの給電線を接続するところ

## 解説 → 問178

　水平半波長ダイポールアンテナは，水平面内にアンテナ線が張られている．問題図の点Pの位置では，紙面の表と裏の方向にアンテナ線が張られている．

　アンテナから電波を放射したり受信したりするとき，電波の強さはアンテナの向きによって異なる．その状態を図で表したものを指向性という．半波長ダイポールアンテナを大地に水平に取り付けたものを水平半波長ダイポールアンテナ，垂直に取り付けたものを垂直半波長ダイポールアンテナという．水平半波長ダイポールアンテナを大地に水平な面内でアンテナを回転させて測定した水平面指向性は，解説図（a）のような八の字形，垂直面指向性は図（b）のような円形の無指向性となる．

> アンテナ素子が最も長く見える方向の電波が強い

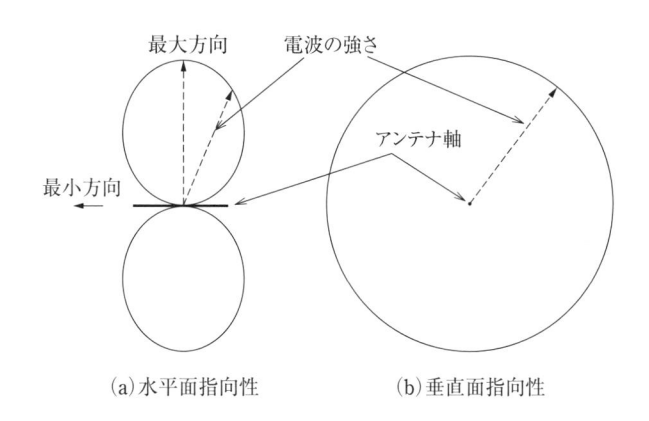

(a) 水平面指向性　　(b) 垂直面指向性

### 解答　問177→3　問178→4

### 問 179

水平面内の指向性が図のようになるアンテナは，次のうちどれか．ただし，点Pは，アンテナの位置を示す．

1　垂直半波長ダイポールアンテナ
2　八木アンテナ（八木・宇田アンテナ）
3　パラボラアンテナ
4　水平半波長ダイポールアンテナ

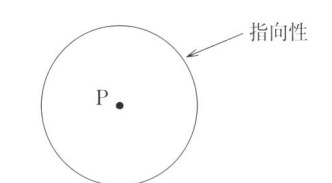

### 問 180

通常，水平面内が全方向性（無指向性）として使用されるアンテナは，次のうちどれか．

1　八木アンテナ（八木・宇田アンテナ）
2　垂直半波長ダイポールアンテナ
3　パラボラアンテナ
4　水平半波長ダイポールアンテナ

### 問 181

1/4波長垂直接地アンテナの記述で，誤っているのはどれか．

1　電流分布は先端で零，底部で最大となる．
2　接地抵抗が大きいほど効率が良い．
3　固有周波数の奇数倍の周波数にも同調する．
4　指向性は，水平面内では全方向性（無指向性）である．

## 解説 → 問179

垂直半波長ダイポールアンテナは，垂直面内にアンテナ線が張られている．問題図の点Pの位置では，紙面の表と裏の方向にアンテナ線が張られている．

垂直半波長ダイポールアンテナの水平面内の指向性は，無指向性だから問題の図のような円形になる．

誤っている選択肢は，

2 八木アンテナ（八木・宇田アンテナ）は単方向の鋭い指向性を持つ．
3 パラボラアンテナは単方向の鋭い指向性を持つ．
4 水平半波長ダイポールアンテナは八の字形の指向性を持つ．

## 解説 → 問180

水平面内の指向性が全方向性（無指向性）のアンテナは，垂直半波長ダイポールアンテナである．

## 解説 → 問181

接地抵抗とは，大地に給電するときに接地した電極と大地との間に発生する抵抗で，損失となるものである．これが大きいと効率が悪くなる．

解説図 (a) のような構造のアンテナを1/4波長垂直接地アンテナという．垂直半波長ダイポールアンテナの片方の素子に給電する代わりに，大地に接地して給電する．水平面内の指向性は，図 (b) のように全方向性（無指向性）となる．放射抵抗（給電点インピーダンス）は約 36〔Ω〕，接地抵抗が小さいほど効率が良い．固有周波数の3倍，5倍等の奇数倍で同調を取ることができる．

> アンテナが同調する最も低い周波数が固有周波数

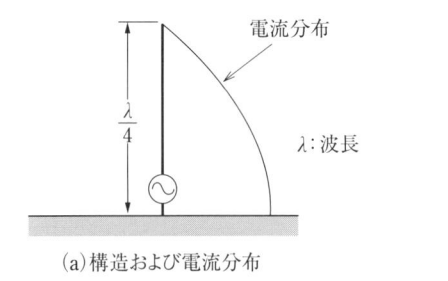

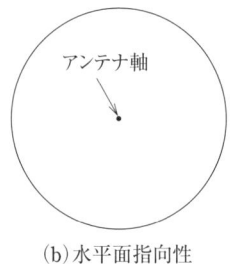

(a)構造および電流分布　　(b)水平面指向性

**解答** 問179➔1　問180➔2　問181➔2

## 問題

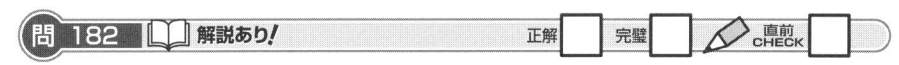

### 問 182

高さが10〔m〕の1/4波長垂直接地アンテナの固有波長は，次のうちどれか．

1　40〔m〕　　2　20〔m〕　　3　5〔m〕　　4　2.5〔m〕

### 問 183

次の記述は，図に示したアンテナについて述べたものである．□内に当てはまる字句の組合せで，正しいのはどれか．

図のアンテナは，□A□アンテナと呼ばれ，電波の波長をλで表したとき，アンテナの長さℓは□B□であり，水平面内の指向性は全方向性（無指向性）である．

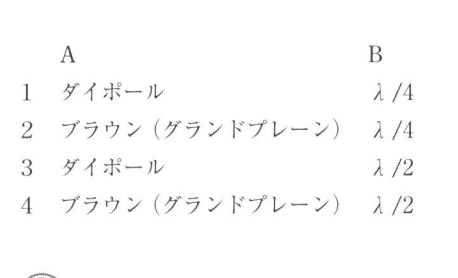

|   | A | B |
|---|---|---|
| 1 | ダイポール | λ/4 |
| 2 | ブラウン（グランドプレーン） | λ/4 |
| 3 | ダイポール | λ/2 |
| 4 | ブラウン（グランドプレーン） | λ/2 |

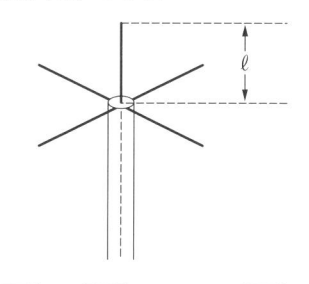

### 問 184

21〔MHz〕用ブラウンアンテナ（グランドプレーンアンテナ）の放射エレメントの長さは，ほぼ幾らか．

1　14.3〔m〕　　2　7.2〔m〕　　3　3.6〔m〕　　4　1.8〔m〕

### 問 185

図は，三素子八木アンテナの構造を示したものである．各素子の名称の組合せで，正しいのはどれか．ただし，エレメントの長さは，A＜B＜Cの関係にある．

|   | A | B | C |
|---|---|---|---|
| 1 | 反射器 | 導波器 | 放射器 |
| 2 | 反射器 | 放射器 | 導波器 |
| 3 | 導波器 | 反射器 | 放射器 |
| 4 | 導波器 | 放射器 | 反射器 |

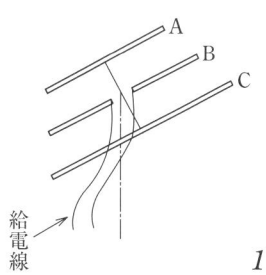

## 解説 → 問182

固有波長 $\lambda$〔m〕は，アンテナの高さ $h$〔m〕が1/4波長のときだから，

$h = \dfrac{\lambda}{4}$ より，$\lambda = 4 \times h = 4 \times 10 = 40$〔m〕

## 解説 → 問183

1/4波長垂直接地アンテナを大地に接地する代わりに，問題の図のように4本の水平素子（地線）を用いた構造のアンテナである．アンテナの長さ $\ell$ は $\lambda/4$ であり，各水平素子の長さも同じ $\lambda/4$ である．水平面内の指向性は全方向性（無指向性），放射抵抗は約21〔Ω〕である．

## 解説 → 問184

周波数 $f$〔MHz〕の電波の波長 $\lambda$〔m〕は，次式で表される．

$\lambda = \dfrac{300}{f} = \dfrac{300}{21} \fallingdotseq 14.3$〔m〕

ブラウン（グランドプレーン）アンテナの長さを $\ell$〔m〕とすると，1/4波長だから，

$\ell = \dfrac{\lambda}{4} = \dfrac{14.3}{4} \fallingdotseq 3.6$〔m〕

> アマチュア局が運用することができる周波数の波長は，
> 7〔MHz〕の波長は約40〔m〕，
> 21〔MHz〕の波長は約15〔m〕，
> 28〔MHz〕の波長は約10〔m〕

## 解説 → 問185

半波長ダイポールアンテナを用いた長さが1/2波長の放射器の近く（約1/8から1/4波長）に，1/2波長より少し短い導波器と少し長い反射器を解説図のように配置した構造のアンテナを八木アンテナという．問題の図では給電する素子のBが放射器，短い素子のAが導波器，長い素子のCが反射器である．

指向性は図 (b) のように導波器の方向に単方向の鋭い指向性を持つ．

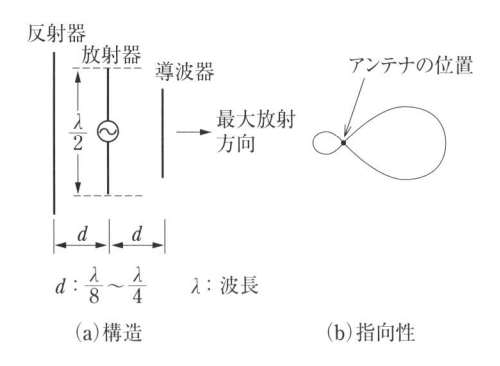

$d : \dfrac{\lambda}{8} \sim \dfrac{\lambda}{4}$　　$\lambda$：波長

(a) 構造　　(b) 指向性

**解答** 問182→1　問183→2　問184→3　問185→4

# 問題

## 問 186

図に示す八木アンテナ（八木・宇田アンテナ）の放射器はどれか．

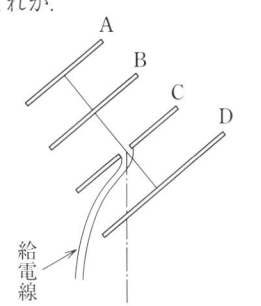

1　A
2　B
3　C
4　D

## 問 187

八木アンテナ（八木・宇田アンテナ）において，給電線はどの素子につなげばよいか．

1　放射器　　2　すべての素子　　3　導波器　　4　反射器

## 問 188

28〔MHz〕用の八木アンテナ（八木・宇田アンテナ）の放射器の長さは，ほぼ幾らか．

1　3〔m〕　　2　5〔m〕　　3　11〔m〕　　4　21〔m〕

## 問 189

図に示した八木アンテナ（八木・宇田アンテナ）において，最も強く電波を放射するのは，どの方向か．ただし，エレメントの長さはA＜B＜Cの関係にある．

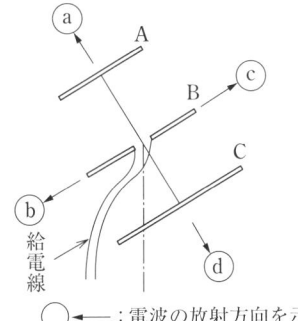

1　ⓐ
2　ⓑ
3　ⓒ
4　ⓓ

## 解説 → 問186

問題の図は導波器が2本ある4素子八木アンテナ（八木・宇田アンテナ）である．給電線を接続して給電する素子のCが放射器である．

## 解説 → 問187

八木アンテナ（八木・宇田アンテナ）の給電線は放射器につなぐ．放射器と反射器は各1本である．また，導波器は数本用いることもある．

## 解説 → 問188

周波数 $f$ 〔MHz〕の電波の波長 $\lambda$ 〔m〕は次式で表される．

$$\lambda = \frac{300}{f} = \frac{300}{28} \fallingdotseq 10.7 \text{〔m〕}$$

放射器の長さを $\ell$ 〔m〕とすると，半波長ダイポールアンテナと同じ1/2波長だから，

$$\ell = \frac{\lambda}{2} = \frac{10.7}{2} \fallingdotseq 5 \text{〔m〕}$$

## 解説 → 問189

問題の図の八木アンテナ（八木・宇田アンテナ）において，給電線を接続して給電する素子（エレメント）のBが放射器，短い素子Aが導波器，長い素子のCが反射器である．八木アンテナ（八木・宇田アンテナ）は，導波器の方向に単方向の鋭い指向性を持つので，問題の図では，ⓐの方向に最も強く電波を放射する．

**アンテナ素子が最も長く見える方向の電波が強いので，ⓑとⓒは間違い**

**解答**　問186→3　問187→1　問188→2　問189→1

## 問題

### 問 190  解説あり！  正解 □ 完璧 □ 直前CHECK □

水平面内指向性が図のようになるアンテナは，次のうちどれか．ただし，点Pは，アンテナの位置を示す．

指向性

1　八木アンテナ（八木・宇田アンテナ）
2　ホイップアンテナ
3　スリーブアンテナ
4　水平半波長ダイポールアンテナ

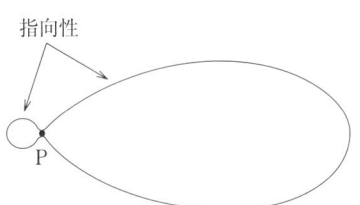

### 問 191  解説あり！  正解 □ 完璧 □ 直前CHECK □

次に挙げたアンテナのうち，最も指向性の鋭いものはどれか．

1　水平半波長ダイポールアンテナ
2　八木アンテナ（八木・宇田アンテナ）
3　ホイップアンテナ
4　ブラウンアンテナ（グランドプレーンアンテナ）

### 問 192  解説あり！  正解 □ 完璧 □ 直前CHECK □

次の記述は，八木アンテナ（八木・宇田アンテナ）について述べたものである．誤っているのは次のうちどれか．

1　指向性アンテナである．
2　反射器，放射器及び導波器で構成される．
3　導波器の素子数の多いものは指向性が鋭い．
4　接地アンテナの一種である．

### 問 193  解説あり！  正解 □ 完璧 □ 直前CHECK □

八木アンテナ（八木・宇田アンテナ）の導波器の素子数が増えたとき，アンテナの性能はどうなるか．

1　指向性が広がる．
2　放射抵抗が高くなる．
3　利得が上がる．
4　到達距離が短くなる．

## 📖 解説 ➡ 問190

　問題の図の指向性は，単方向の指向性だから八木アンテナ（八木・宇田アンテナ）の指向性である．

　ホイップアンテナ及びスリーブアンテナの水平面内指向性は，無指向性．水平半波長ダイポールアンテナの水平面内指向性は，八の字形である．

## 📖 解説 ➡ 問191

　八木アンテナ（八木・宇田アンテナ）の指向性は，単方向の鋭い指向性だから，ホイップアンテナ及びスリーブアンテナの無指向性や水平半波長ダイポールアンテナの八の字形指向性に比較して，最も鋭い指向性を持つ．

## 📖 解説 ➡ 問192

　八木アンテナ（八木・宇田アンテナ）は接地アンテナの一種ではない．接地アンテナとしては，給電線の片方を接地して給電する1/4波長垂直接地アンテナがある．

> **鋭い指向性を持つアンテナを指向性アンテナという**

## 📖 解説 ➡ 問193

　八木アンテナ（八木・宇田アンテナ）の導波器の素子数が増えたとき，アンテナの利得が上がる．アンテナの利得とは，基準アンテナと比較してどのくらい強く電波を送受信することができるかのことである．基準アンテナとしては半波長ダイポールアンテナ等が用いられる．

　誤っている選択肢を正しくすると次のようになる．
1　指向性が鋭くなる．
2　放射抵抗が低くなる．
4　到達距離が長くなる．

> **指向性が鋭いアンテナは利得が大きい**

**解答**　問190➡1　問191➡2　問192➡4　問193➡3

## 問 194

八木アンテナ（八木・宇田アンテナ）の導波器が無くなった場合，アンテナの性能はどうなるか．

1　全方向性（無指向性）になる．
2　指向方向が逆転する．
3　指向性が広がる．
4　電波が放射されなくなる．

## 問 195

八木アンテナ（八木・宇田アンテナ）をスタック（積重ね）に接続することがあるが，この目的は何か．

1　指向性を広くするため．
2　指向性を鋭くするため．
3　固有波長を短くするため．
4　固有波長を長くするため．

## 問 196

陸上を移動する無線局が，通常の通信で使用するアンテナの指向性は，次のうちどれが適しているか．

1　水平面内で指向性を持つこと．
2　水平面内で全方向性（無指向性）なこと．
3　垂直面内で全方向性（無指向性）なこと．
4　垂直面内で指向性を持つこと．

## 解説 → 問194

八木アンテナ（八木・宇田アンテナ）の導波器が無くなると，指向性が広がる．
誤っている選択肢は，
1　給電する放射器は水平半波長ダイポールアンテナなので，水平面指向性が無指向性になることはない．
2　反射器があるので指向性は逆転しない．
4　給電する放射器があるので，電波は放射される．

## 解説 → 問195

解説図 (a) の八木アンテナ（八木・宇田アンテナ）を図 (b) のようにスタック（積重ね）する目的は，指向性を鋭くするため．指向性が鋭くなると利得も上がる．

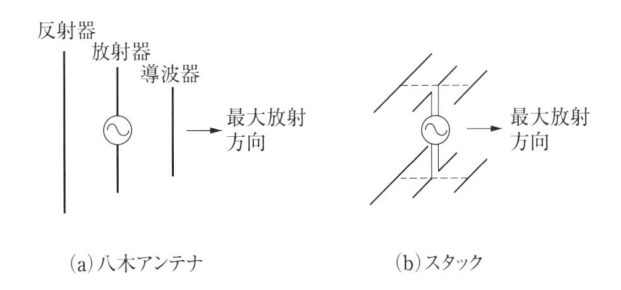

(a) 八木アンテナ　　(b) スタック

## 解説 → 問196

陸上を移動する無線局のアンテナは，移動する方向によって指向性が変化しないように，水平面内で全方向性（無指向性）のアンテナが使用される．使用されるアンテナとしては，ホイップアンテナやブラウンアンテナ（グランドプレーンアンテナ）がある．

**解答**　問194→3　　問195→2　　問196→2

### 問 197 解説あり！

同軸給電線の特性で望ましくないのは，次のうちどれか．

1 高周波エネルギーを無駄なく伝送する．
2 特性インピーダンスが均一である．
3 給電線から電波が放射されない．
4 給電線で電波が受信できる．

### 問 198 解説あり！

給電線の特性のうち，適切でないものはどれか．

1 損失が少ないこと．
2 電波が放射できること．
3 外部から電気的影響を受けないこと．
4 特性インピーダンスが一定であること．

### 問 199 解説あり！

次に挙げた，アンテナの給電方法の記述で，正しいものはどれか．

1 給電点において，電流分布を最小にする給電方法を電流給電という．
2 給電点において，電流分布を最大にする給電方法を電圧給電という．
3 給電点において，電圧分布を最大にする給電方法を電圧給電という．
4 給電点において，電圧分布を最大にする給電方法を電流給電という．

## 解説 ➡ 問197

送受信機とアンテナを接続する導線が給電線であり，給電線では電波が受信できない方が特性が良い．

解説図に同軸給電線の構造図を示す．

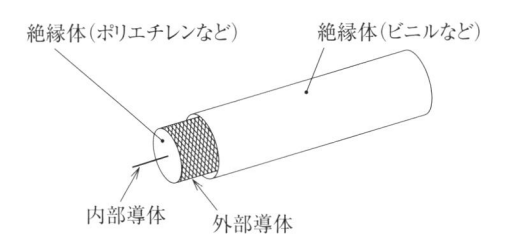

## 解説 ➡ 問198

給電線は電波を放射しない方が特性が良い．
給電線に必要な条件を次に示す．
① 損失が少ない．
② 高周波エネルギーを無駄なく伝送することができる．
③ 外部に電波を放射しない．
④ 外部の電波を受信しない．
⑤ 外部から電気的影響（誘導）を受けない．
⑥ 特性インピーダンスが均一である．

> 特性インピーダンスは，給電線上を伝送する高周波電圧と電流の比で表される値で，放射抵抗や損失抵抗ではない

## 解説 ➡ 問199

一般に給電線としては同軸給電線と平行二線式給電線が用いられる．平行二線式給電線は2本の導線を平行に並べた構造を持ち，アンテナの電圧分布のように給電線に定在波電圧を発生させて給電することができる．

アンテナの給電点において電圧分布を最大にする給電方法を電圧給電という．
また，給電点の電流分布を最大にする給電方法を電流給電という．

**解答** 問197→4　問198→2　問199→3

## 問 200

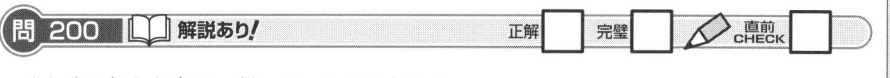

地上波の伝わり方で，誤っているのはどれか．

1 電離層で反射されて伝わる．
2 大地の表面に沿って伝わる．
3 大地で反射されて伝わる．
4 見通し距離内の空間を直接伝わる．

## 問 201

地表波の説明で正しいのはどれか．

1 見通し距離内の空間を直接的に伝わる電波
2 大地の表面に沿って伝わる電波
3 電離層を突き抜けて伝わる電波
4 大地に反射して伝わる電波

## 問 202

図に示す電波通路A，Bのうち，Aの伝わり方をするのは，次のうちどれか．

1 地表波
2 大地反射波
3 電離層波
4 直接波

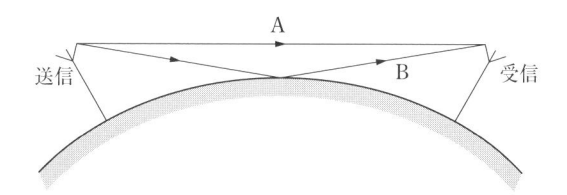

## 問 203

電離層が生成されるのに最も影響のあるものは，次のうちどれか．

1 低気圧
2 太陽
3 海水温度
4 流星

## 解説 → 問200

送信点から受信点まで，いろいろな電波の伝わり方を解説図に示す．

地上波は地上を伝わる電波の伝わり方をいうので，電離層で反射して伝わる電離層反射波は含まない．

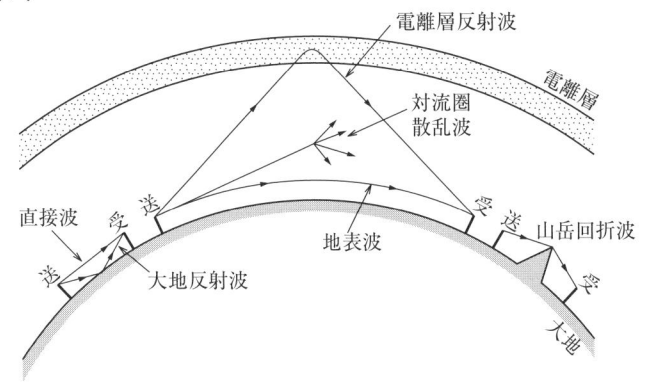

## 解説 → 問201

地表波は，地球が球体で曲がっていても大地の表面に沿って伝わる電波のこと．

## 解説 → 問202

Aの伝わり方をするのは直接波．
Bの伝わり方をするのは大地反射波．

## 解説 → 問203

電離層は，薄い空気分子が太陽の影響によって電子とイオンに分離されてできた層である．

**解答** 問200→1　問201→2　問202→4　問203→2

## 問 204

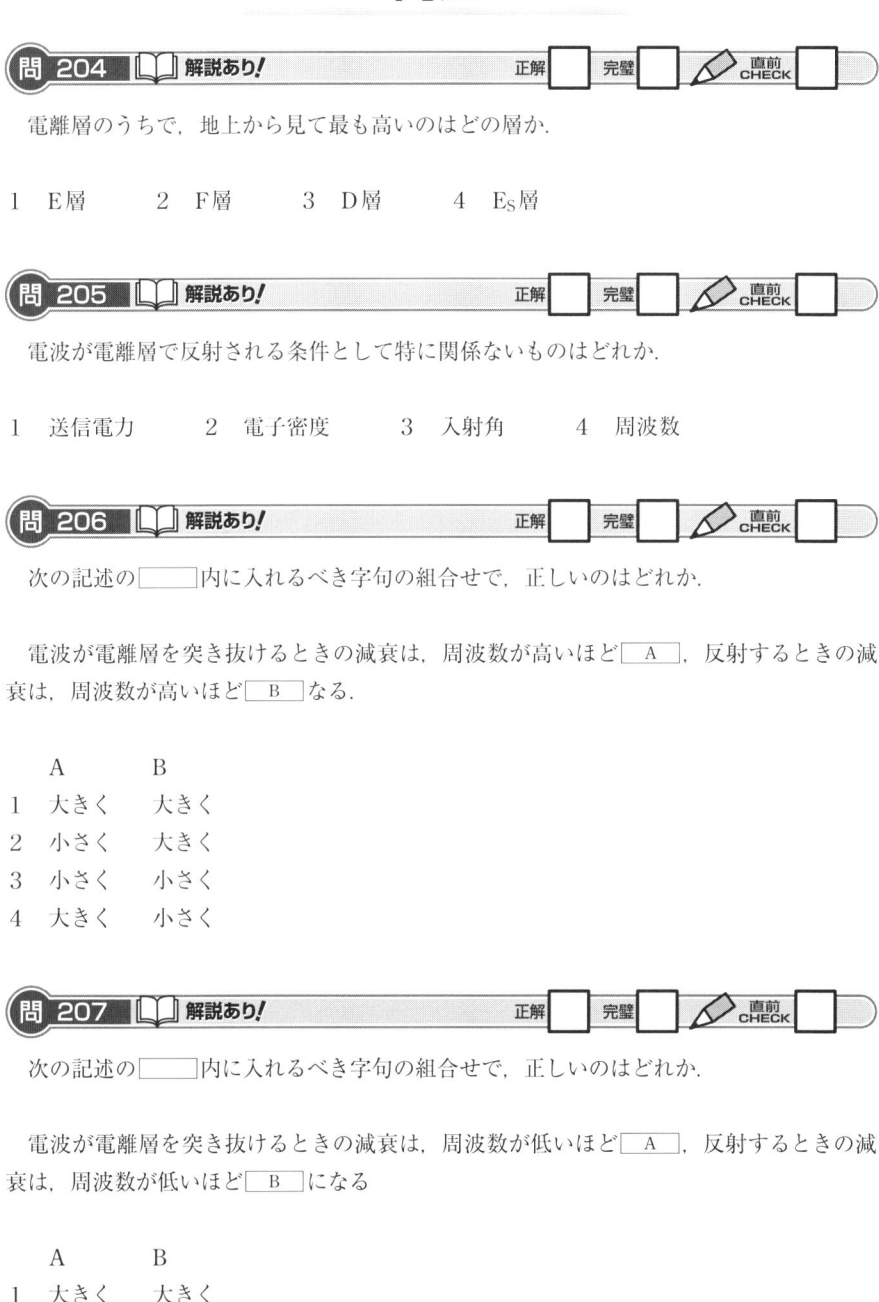

電離層のうちで，地上から見て最も高いのはどの層か．

1　E層　　　2　F層　　　3　D層　　　4　E_S層

## 問 205

電波が電離層で反射される条件として特に関係ないものはどれか．

1　送信電力　　2　電子密度　　3　入射角　　4　周波数

## 問 206

次の記述の□内に入れるべき字句の組合せで，正しいのはどれか．

　電波が電離層を突き抜けるときの減衰は，周波数が高いほど　A　，反射するときの減衰は，周波数が高いほど　B　なる．

　　A　　　　B
1　大きく　　大きく
2　小さく　　大きく
3　小さく　　小さく
4　大きく　　小さく

## 問 207

次の記述の□内に入れるべき字句の組合せで，正しいのはどれか．

　電波が電離層を突き抜けるときの減衰は，周波数が低いほど　A　，反射するときの減衰は，周波数が低いほど　B　になる

　　A　　　　B
1　大きく　　大きく
2　小さく　　大きく
3　小さく　　小さく
4　大きく　　小さく

## 解説 → 問204

地上から，D層の高さは60〜90〔km〕，E層の高さは約100〔km〕，F層の高さは200〜400〔km〕，E_S層（スポラジックE層）の高さは約100〔km〕，だから，F層が最も高い．

電離層は，地上からの高さが約60〜約400〔km〕の距離にある電波の伝わり方に影響を与える層で，電波を反射，屈折，吸収する性質を持っている．電離層は，太陽の影響によって薄い空気の分子が電子とイオンに分離されてできた層なので，季節や昼夜によって大きく変化する．

## 解説 → 問205

電波が電離層で反射するときは，電離層の電子密度，電離層に電波が入射するときの入射角，電波の周波数に関係するが，送信電力には関係がない．

短波(HF)帯は3〜30〔MHz〕の周波数帯，超短波(VHF)帯は30〜300〔MHz〕の周波数帯

電離層の中に電子がどれくらいの割合であるかを電子密度という．電離層の電子密度が大きいほど電波を大きく減衰させたり反射させたりする．各層のなかではF層の電子密度が最も大きく，季節では夏が，一日では昼間の電子密度が大きくなる．

電離層は主に短波(HF)帯までの周波数の電波を反射するが，電離層に入射した電波が，ある周波数を超えると電離層を突き抜けてしまう．また，電離層に斜めに入射するほど高い周波数の電波を反射する．

## 解説 → 問206

電波が電離層を突き抜けるときに受ける減衰は，周波数が高いほど小さくなる．反射するときに受ける減衰は，周波数が高いほど大きくなる．

## 解説 → 問207

電波が電離層を突き抜けるときに受ける減衰は，周波数が低いほど大きく，反射するときに受ける減衰は，周波数が低いほど小さくなる．

電離層で電波が反射するときは，周波数が低い電波は電離層の浅い層で反射して，周波数が高い電波は電離層の奥の層で反射する．反射するときも電離層の減衰を受けるので，周波数が低い電波の方が，反射するときの減衰は小さくなる．

**解答** 問204➡2　問205➡1　問206➡2　問207➡4

**出題傾向** 問206　周波数が「高い」のか所が穴埋めとなっている問題も出題されている．

### 問 208

短波が地球の裏側まで到達して通信できることがあるのはなぜか.

1 電離層と地球表面との間を反射しながら伝わるため.
2 人工衛星を中継して送るのに適しているため.
3 大地の中を伝わる性質があるため.
4 地表波の減衰が少ないため.

### 問 209

3.5〔MHz〕から28〔MHz〕までのアマチュアバンドにおいて，主に利用する電波の伝わり方はどれか.

1 直接波
2 対流圏波
3 大地反射波
4 電離層反射波

### 問 210

図は，周波数の違いにより電波の伝わり方が異なることを示したものである．　A　及び　B　の周波数の組合せで，正しいものはどれか.

|   | A | B |
|---|---|---|
| 1 | 145〔MHz〕 | 7〔MHz〕 |
| 2 | 7〔MHz〕 | 145〔MHz〕 |
| 3 | 7〔MHz〕 | 435〔MHz〕 |
| 4 | 435〔MHz〕 | 145〔MHz〕 |

## 解説 → 問208

短波（HF：3〜30〔MHz〕）帯の電波は，電離層で反射するので電離層反射波が電離層と地球表面との間で反射を繰り返しながら地球の裏側の遠距離まで伝わることがある．

地球表面の大地や海面は電波を良く反射する．

## 解説 → 問209

3.5〔MHz〕から28〔MHz〕までのアマチュアバンドの電波は短波帯である．短波（HF：3〜30〔MHz〕）帯の電波は，中波（MF：300〔kHz〕〜3〔MHz〕）帯以下の周波数の電波に比較して地表波の減衰が大きいので，中波帯よりも地表波の伝わる距離が短い．地表波は地球の湾曲に沿って伝わる電波の伝わり方である．

短波帯の電波は電離層で反射するので，電離層反射波を主に利用して遠距離まで電波が伝わる．

> バンドは周波数帯のこと

## 解説 → 問210

短波（HF：3〜30〔MHz〕）帯の電波は電離層で反射する．超短波（VHF：30〜300〔MHz〕）帯と極超短波（UHF：300〜3,000〔MHz〕）帯の電波は電離層を突き抜ける．

7〔MHz〕は短波（HF）帯だから電波が電離層で反射する．

145〔MHz〕は超短波（VHF）帯，435〔MHz〕は極超短波（UHF）帯だから電波は電離層を突き抜ける．

**解答** 問208→1　問209→4　問210→1

## 問 211

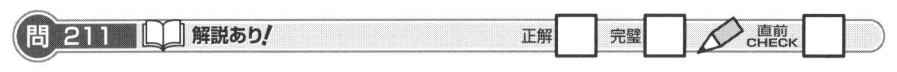

次の記述の◯内に入れるべき字句の組合せで，正しいのはどれか．

電離層反射波を使用して昼間に通信が可能な場合であっても，夜間に電離層の電子密度が A なり電波が突き抜ける場合は， B 周波数の電波に切り換えて通信を行う．

|   | A | B |
|---|---|---|
| 1 | 小さく | 低い |
| 2 | 大きく | 高い |
| 3 | 小さく | 高い |
| 4 | 大きく | 低い |

## 問 212

昼間21〔MHz〕バンドの電波で通信を行っていたが，夜間になって遠距離の地域が通信不能となった．そこで周波数バンドを切り換えたところ再び通信が可能となった．通信を可能にしたバンドは次のうちどれか．

1　7〔MHz〕バンド
2　28〔MHz〕バンド
3　50〔MHz〕バンド
4　144〔MHz〕バンド

## 問 213

次の記述の◯内に入れるべき字句の組合せで，正しいのはどれか．

送信所から短波を発射したとき， A が減衰して受信されなくなった地点から B が最初に地表に戻ってくる地点までを不感地帯という．

|   | A | B |
|---|---|---|
| 1 | 直接波 | 電離層反射波 |
| 2 | 地表波 | 大地反射波 |
| 3 | 直接波 | 大地反射波 |
| 4 | 地表波 | 電離層反射波 |

## 解説 ➡ 問211

電離層の中に電子がどれくらいの割合であるかを電子密度という．電離層の電子密度は太陽の影響を受けて，一日では昼間の電子密度が大きくなる．

電波が電離層で反射するときに，周波数が高いと電離層を突き抜けてしまう．夜間に電離層の電子密度が小さくなり電波が突き抜ける場合は，低い周波数の電波に切り換えて通信を行う．

## 解説 ➡ 問212

夜間になると電離層の電子密度が小さくなって，高い周波数の電波は電離層を突き抜けることがある．昼間21〔MHz〕バンドの電波で通信を行っていて，夜間になって通信不能になったときに，切り換える周波数バンドは，21〔MHz〕よりも周波数の低い7〔MHz〕バンドである．

50〔MHz〕と144〔MHz〕バンドはVHF帯なので，電離層反射波は伝わらない

## 解説 ➡ 問213

解説図のように電離層反射波は，電離層に斜めに入射した方が高い周波数でも反射するようになる．使用する周波数によっては，図のように入射角が，ある角度以上にならないと反射しないので，電離層で反射して最初に地表に戻ってくる距離以上にならないと，電離層反射波は伝わらない．また，地表波はある距離以上になると減衰して伝わらなくなるのでこの間の距離では，どちらの電波も伝わらない．この間の距離を不感地帯という．

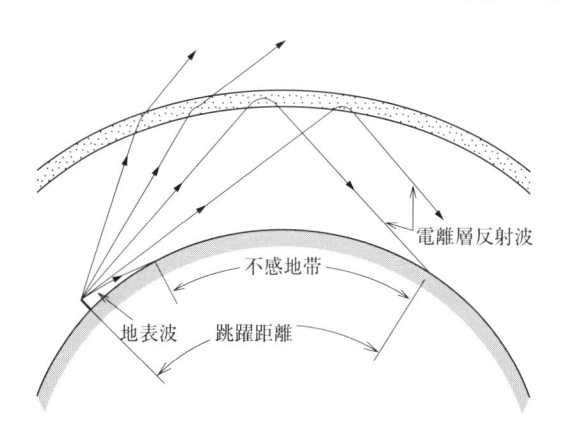

**解答** 問211 ➡ 1   問212 ➡ 1   問213 ➡ 4

## 問題

### 問 214  解説あり！

次の記述の □ 内に入れるべき字句の組合せで正しいのはどれか．

送信所から発射された短波（HF）帯の電波が， A で反射されて，初めて地上に達する地点と送信所との地上距離を B という．

|   | A | B |
|---|---|---|
| 1 | 電離層 | 跳躍距離 |
| 2 | 電離層 | 焦点距離 |
| 3 | 大地 | 跳躍距離 |
| 4 | 大地 | 焦点距離 |

### 問 215  解説あり！

短波帯の伝搬で生じる不感地帯と特に関係がないものはどれか．

1　気象　　2　電離層　　3　周波数　　4　送信電力

### 問 216  解説あり！

超短波（VHF）帯の電波の伝搬は，主として次のどれによっているか．

1　直接波と大地反射波
2　地表波と電離層反射波
3　直接波と電離層反射波
4　地表波と大地反射波

### 問 217  解説あり！

超短波の伝わり方の特徴で，誤っているのは次のうちどれか．

1　直接波を利用できない．
2　電離層を突き抜ける．
3　大地で反射される．
4　地表波はすぐ減衰する．

## 解説 ➡ 問214

電離層反射波は電離層に斜めに入射した方が，高い周波数でも反射するようになる．使用する周波数によっては入射角がある角度以上にならないと反射しないので，電離層で反射して最初に地上に戻ってくる距離以上にならないと，電離層反射波は伝わらない．

このとき，送信所から発射された短波（HF）帯の電波が，電離層で反射されて始めて地上に達する地点と送信所との距離を跳躍距離という．

> 跳躍距離は，始めて電離層反射波が到達する距離．
> 不感地帯は，地表波が到達する距離と跳躍距離の間の距離

## 解説 ➡ 問215

不感地帯は，電離層に斜めに入射した電離層反射波が最初に地表に戻ってくる距離と，地表波が伝わる距離との間の距離のことである．

電離層反射波及び地表波の伝わる距離は周波数及び送信電力に関係がある．電離層反射波は電離層の状態に関係があるので，不感地帯と特に関係がないものは気象である．

## 解説 ➡ 問216

超短波（VHF：30～300〔MHz〕）帯の電波の伝搬は，地表波はほとんど伝わらない．電離層波は電離層をつき抜けてしまうので伝搬しない．

直接波と大地反射波が伝搬する．直接波と大地反射波の干渉によって，送受信点間の距離と高さ，周波数などによって受信電波の強さが変化することがある．

> 干渉は，二つの電波が伝わるときに，通路差があると位相差が生じて，合成波に強弱が生じること

## 解説 ➡ 問217

超短波帯の電波の伝搬は，地表波と電離層反射波が利用できないので，直接波を利用する．
直接波は，見通し距離内を伝わるので送受信アンテナの高さを高くして見通し距離が延びれば，電波の伝わる距離を延ばすことができる．

**解答** 問214➡1　問215➡1　問216➡1　問217➡1

## 問 218

超短波（VHF）の伝わり方で正しいのはどれか．

1　主に見通し距離内を伝わる．
2　主に地表波が伝わる．
3　昼間と夜間では伝わり方が大きく異なる．
4　電離層と大地との間で反射を繰り返して伝わる．

## 問 219

超短波（VHF）帯では，一般にアンテナの高さを高くした方が電波の通達距離が延びるのはなぜか．

1　見通し距離が延びるから．
2　スポラジックE層反射によって伝わりやすくなるから．
3　対流圏散乱波が伝わりやすくなるから．
4　地表波の減衰が少なくなるから．

## 問 220

超短波（VHF）帯において，通信可能な距離を延ばすための方法として，誤っているのは次のうちどれか．

1　アンテナの高さを高くする．
2　アンテナの放射角を高角度にする．
3　鋭い指向性のアンテナを用いる．
4　利得の高いアンテナを用いる．

## 問 221

フェージングが起こる原因で，誤っているのは次のうちどれか．

1　電波の減衰の程度が時間的に変動するため．
2　電波の周波数が時間的に変動するため．
3　電離層で電波が反射したり，突き抜けたりするため．
4　異なった伝搬経路を通った電波が相互に干渉するため．

## 解説 → 問218

超短波の電波は，主に直接波が見通し距離内を伝わる．
誤っている選択肢は，
2 主に地表波が伝わるのは，中波（MF：300～3,000〔kHz〕）帯．
3 昼間と夜間では伝わり方が大きく異なるのは，短波（HF：3～30〔MHz〕）帯の電離層反射波．
4 電離層と大地との間で反射を繰り返して伝わるのは，短波（HF：3～30〔MHz〕）帯の電離層反射波．

## 解説 → 問219

解説図のように，地球は球形で曲がっているでアンテナの高さを高くした方が，見通し距離が延びて電波の到達距離が延びる．

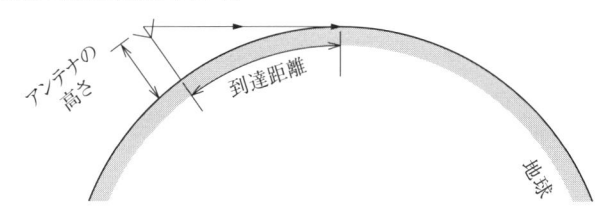

## 解説 → 問220

アンテナから電波が上空に放射されるとき，大地面を基準とした上向きの角度を放射角という．これを高角度にして上空に向けて電波を放射しても，通達距離は延びない．

## 解説 → 問221

電波を受信していると受信電波が強くなったり弱くなったりすることがある．これをフェージングという．
通信をするときに電波の周波数を時間的に変動させないので，選択肢2は誤っている．

**解答** 問218→1　問219→1　問220→2　問221→2

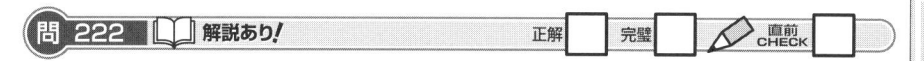

## 問 222  解説あり！　　正解 □　完璧 □　直前CHECK □

超短波の電波が異常に遠方まで伝わることがあるが，その原因と関係のないものはどれか．

1　山岳による回折
2　スポラジックE層
3　地表波
4　散乱現象

## 問 223  解説あり！　　正解 □　完璧 □　直前CHECK □

超短波（VHF）帯を使った見通し外の遠距離通信において，伝搬路上に山岳が有り，送受信点のそれぞれからその山頂が見通せるとき，比較的安定した通信ができることがあるのは一般にどの現象によるものか．

1　電波の干渉
2　電波の屈折
3　電波の直進性
4　電波の回折

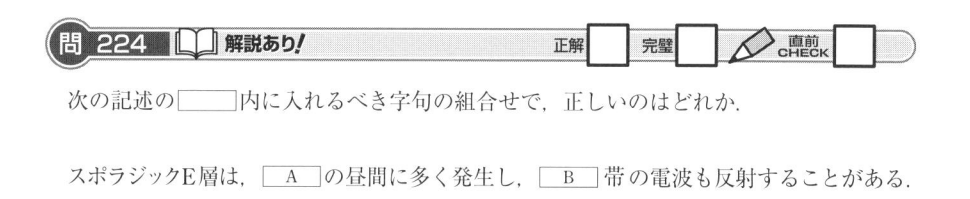

## 問 224  解説あり！　　正解 □　完璧 □　直前CHECK □

次の記述の □ 内に入れるべき字句の組合せで，正しいのはどれか．

スポラジックE層は，　A　の昼間に多く発生し，　B　帯の電波も反射することがある．

　　A　　　　B
1　夏季　　　SHF
2　夏季　　　VHF
3　冬季　　　VHF
4　冬季　　　SHF

## 解説 → 問222

超短波（VHF：30～300〔MHz〕）帯の電波の伝搬では，地表波はほとんど伝わらない．
① 山岳による回折は，電波の回折現象によって，山の陰に電波が回り込んで伝わる．
② スポラジックE層は，E層と同じ高さに突発的に狭い地域で発生する電離層で，日本では夏季の昼間に多く発生し電子密度が大きいので超短波の電波を反射することがある．
③ 大気の散乱現象は，大気の不均一な部分で電波がちらばって伝わること．

## 解説 → 問223

回折は，電波等の波が鋭い障害物にあたると，本来到達できない障害物の背後に回り込んで伝わること．超短波（VHF：30～300〔MHz〕）帯の電波が高い山の陰に伝わるのは回折現象によるもの．
① 電波の干渉は，二つの電波が伝わるときに，通路差があると位相差が生じて，合成波に強弱が生じること．直接波と大地反射波や地表波と電離層反射波によって生じる現象のこと．
② 電波の屈折は，電波の屈折率の異なる空気層や電離層で生じる現象のこと．
③ 電波は一般に直進性を持つ．

## 解説 → 問224

スポラジックE層（E$_S$層）は，地上から約100〔km〕のE層と同じ高さに突発的に狭い地域で発生する．日本では夏季の昼間に多く発生し，電子密度が大きいのでVHF（超短波：30～300〔MHz〕）の電波も反射することがある．

SHFは，マイクロ波：3～30〔GHz〕のこと．

> アマチュアバンドでは50〔MHz〕帯の電波が影響を受ける

解答　問222→3　問223→4　問224→2

## 問 225 解説あり!  正解 □ 完璧 □ 直前CHECK □

スポラジックE層についての記述のうち，正しいのは次のうちどれか．

1　主として春季に多く発生する．
2　主として夏季に多く発生する．
3　主として秋季に多く発生する．
4　主として冬季に多く発生する．

## 問 226 解説あり!  正解 □ 完璧 □ 直前CHECK □

夏の昼間に50〔MHz〕帯で交信を行っていたところ，数100〔km〕離れた同じ周波数帯の受信機に混信妨害を与えた．この原因は何か．

1　空電による混信
2　スポラジックE層による伝搬
3　大気圏の回折による遠距離伝搬
4　高調波放射による混信

## 解説 → 問225

スポラジックE層（$E_S$層）は，地上から約100〔km〕のE層と同じ高さに突発的に狭い地域で発生する．日本では夏季の昼間に多く発生する．

## 解説 → 問226

スポラジックE層（$E_S$層）は，日本では夏季の昼間に多く発生し，電子密度が大きいのでVHF（超短波：30～300〔MHz〕）帯の電波も反射することがある．主に100〔MHz〕以下のVHF帯の電波が反射するので，アマチュアバンドでは50〔MHz〕帯の電波が$E_S$層で反射して遠距離まで伝搬することがある．

スポラジックE層（$E_S$層）は，地上から約100〔km〕のE層と同じ高さに突発的に狭い地域で発生する．地球は球形で曲がっているので地上からの高さが約100〔km〕の電離層に電波が斜めに入射して反射すると，1回の反射で数100〔km〕の距離まで電波が伝搬することがある．

誤っている選択肢は，
1　空電は雷による雑音で，主に短波（HF：3～30〔MHz〕）帯以下の周波数の電波に混信妨害を与える．
3　大気圏の回折による遠距離伝搬が起きるのは，主に極超短波（UHF：300～3,000〔MHz〕）帯以上の周波数の電波である．
4　高調波は，基本波の50〔MHz〕帯の整数倍の周波数だから，100〔MHz〕，150〔MHz〕帯の周波数の電波に混信妨害を与える．

**解答** 問225 → 2　　問226 → 2

## 問 227

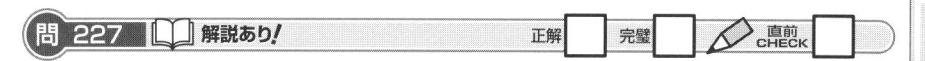

端子電圧2〔V〕の蓄電池を図のように接続し，ab間の電圧を測定するには，最大目盛りが何ボルトの直流電圧計を用いればよいか．また，電圧計の端子をどのように接続したらよいか．下記の組合せのうちから，正しいものを選べ．

a ○―┤├―┤├―┤├―○ b

|   | 最大目盛り | 接続方法 |
|---|---|---|
| 1 | 5〔V〕 | ⊕端子をaに，⊖端子をbにつなぐ |
| 2 | 5〔V〕 | ⊕端子をbに，⊖端子をaにつなぐ |
| 3 | 10〔V〕 | ⊕端子をaに，⊖端子をbにつなぐ |
| 4 | 10〔V〕 | ⊕端子をbに，⊖端子をaにつなぐ |

## 問 228

次の記述の　　　内に入れるべき字句の組合せで，正しいのはどれか．

分流器は　A　の測定範囲を広げるために用いられるもので，計器に　B　に接続して用いられる．

|   | A | B |
|---|---|---|
| 1 | 電流計 | 並列 |
| 2 | 電流計 | 直列 |
| 3 | 電圧計 | 並列 |
| 4 | 電圧計 | 直列 |

## 問 229

図に示すように，破線で囲んだ電流計$A_0$に，$A_0$の内部抵抗$r$の4分の1の値の分流器$R$を接続すると，測定範囲は$A_0$の何倍になるか．

1　2倍
2　4倍
3　5倍
4　6倍

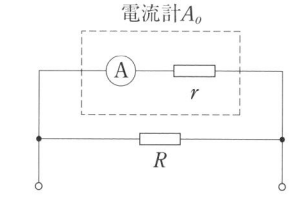

## 解説 → 問227

1個の電圧が2〔V〕の電池が3個直列接続されている．aに＋，bに－の極性で，ab間の電圧は，

$2 \times 3 = 6$ 〔V〕

となる．

この電圧を測定することができる最大目盛りが10〔V〕の電圧計を接続する．

## 解説 → 問228

分流器は電流計の測定範囲を広げるために用いられるもので，電流計と並列に接続して用いられる抵抗のこと．解説図において，電流計の内部抵抗を$r$〔Ω〕，測定範囲の倍率を$N$とすれば，分流器の抵抗$R$〔Ω〕は次式で表される．

$R = \dfrac{r}{N-1}$ 〔Ω〕

> 並列接続された抵抗と電流は反比例する．小さい抵抗を並列に接続すると，大きな電流を流すことができる

電流計$A_o$

$N = \dfrac{I}{I_A}$

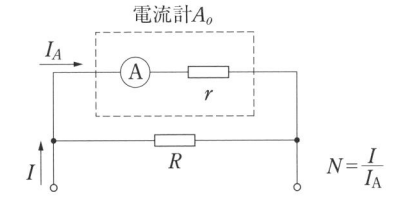

## 解説 → 問229

測定範囲の倍率を$N$とすると，分流器の抵抗$R$は次式で表される．

$R = \dfrac{r}{N-1}$

ここで，$R = \dfrac{r}{4}$とすれば，

$\dfrac{r}{4} = \dfrac{r}{N-1}$ より，

$N - 1 = 4$

したがって，$N = 5$

> 分流器の抵抗は，メータの内部抵抗の1/4だから，メータを流れる電流の4倍の電流が分流器を流れる．メータを流れる電流を加えれば測定電流は5倍になる

**解答** 問227 → 3    問228 → 1    問229 → 3

## 問 230

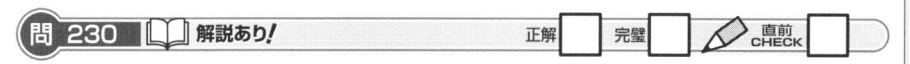

次の記述の□□内に入れるべき字句の組合せで，正しいのはどれか．

直列抵抗器（倍率器）は　A　の測定範囲を広げるために用いられるもので，計器に　B　に接続して使用する．

|   | A | B |
|---|---|---|
| 1 | 電流計 | 並列 |
| 2 | 電流計 | 直列 |
| 3 | 電圧計 | 並列 |
| 4 | 電圧計 | 直列 |

## 問 231

次の記述の□□内に入れるべき字句の組合せで，正しいものはどれか．

直列抵抗器（倍率器）は　A　の測定範囲を　B　ために用いられるもので，計器に直列に接続して用いる．

|   | A | B |
|---|---|---|
| 1 | 電流計 | 狭める |
| 2 | 電流計 | 広げる |
| 3 | 電圧計 | 狭める |
| 4 | 電圧計 | 広げる |

## 問 232

内部抵抗 50〔kΩ〕の電圧計の測定範囲を 20 倍にするには，直列抵抗器（倍率器）の抵抗値を幾らにすればよいか．

1 　2.5〔kΩ〕
2 　 25〔kΩ〕
3 　950〔kΩ〕
4 　1,000〔kΩ〕

## 📖 解説 → 問230 → 問231

倍率器は電圧計の測定範囲を広げるために用いられるもので，電圧計に直列に接続して用いられる抵抗のこと．解説図において，電圧計の内部抵抗を$r\,[\Omega]$，測定範囲の倍率を$N$とすれば，倍率器の抵抗$R\,[\Omega]$は次式で表される．

$R = (N-1) \times r\,[\Omega]$

> 分流器は，電流計に並列．倍率器は電圧計に直列

> 直列接続された抵抗と電圧は比例する．大きい抵抗を直列に接続すると，大きな電圧を加えることができる

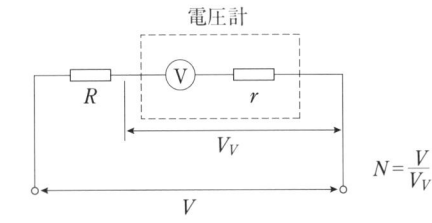

電圧計

$N = \dfrac{V}{V_V}$

## 📖 解説 → 問232

測定範囲の倍率を$N$，電圧計の内部抵抗を$r\,[k\Omega]$とすると，倍率器の抵抗$R\,[k\Omega]$は次式で表される．

$R = (N-1) \times r$
$\phantom{R} = (20-1) \times 50$
$\phantom{R} = 19 \times 50$
$\phantom{R} = 950\,[k\Omega]$

> メータに1倍分の電圧が加わるので，倍率器に加わる電圧は19倍になるので，抵抗も19倍になる

**解答** 問230→4　問231→4　問232→3

# 問題

## 問 233 解説あり！ 正解 □ 完璧 □ 直前CHECK □

図に示すように，破線で囲んだ電圧計$V_o$に，$V_o$の内部抵抗$r$の3倍の値の直列抵抗器（倍率器）$R$を接続すると，測定範囲は$V_o$の何倍になるか．

1　2倍
2　3倍
3　4倍
4　5倍

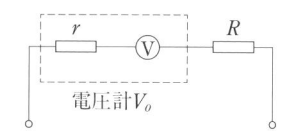

## 問 234 解説あり！ 正解 □ 完璧 □ 直前CHECK □

アナログ方式の回路計（テスタ）で直流抵抗を測定するときの準備の手順で，正しいのはどれか．

1　0〔Ω〕調整をする→測定レンジを選ぶ→テストリード（テスト棒）を短絡する
2　測定レンジを選ぶ→テストリード（テスト棒）を短絡する→0〔Ω〕調整をする
3　テストリード（テスト棒）を短絡する→0〔Ω〕調整をする→測定レンジを選ぶ
4　測定レンジを選ぶ→0〔Ω〕調整をする→テストリード（テスト棒）を短絡する

## 問 235 解説あり！ 正解 □ 完璧 □ 直前CHECK □

アナログ方式の回路計（テスタ）で抵抗値を測定するとき，準備操作としてメータ指針のゼロオーム調整を行うには，2本のテストリード（テスト棒）をどのようにしたらよいか．

1　テストリード（テスト棒）は，先端を離し開放状態にする．
2　テストリード（テスト棒）は，測定する抵抗の両端に，それぞれ先端を確実に接触させる．
3　テストリード（テスト棒）は，先端を接触させて短絡（ショート）状態にする．
4　テストリード（テスト棒）は，測定端子よりはずしておく．

## 📖 解説 → 問233

$R=(N-1)\times r$ に $R=3\times r$ を代入すれば，
$3\times r=(N-1)\times r$ より，
　$N-1=3$
したがって，$N=4$

> 倍率器の抵抗は，メータの内部抵抗の3倍だから，メータに加わる電圧の3倍の電圧が倍率器に加わる．メータに加わる電圧を加えれば測定電圧は4倍になる

## 📖 解説 → 問234

回路計（テスタ）で直流抵抗を測定するときは，次の手順で測定する．
① 測定しようとする抵抗が測定できる範囲のレンジを選んで切り替える．
② テスト棒を短絡させる．短絡するとは，赤と黒色の測定用テスト棒の先端を接触させること．
③ ゼロオーム調整つまみによってテスタの針が0〔Ω〕なるようにゼロオーム調整をとる．
④ テスト棒を抵抗の端子に接続して測定する．

**関連知識**：回路計（テスタ）は，1台で直流電流，直流電圧，交流電圧，直流抵抗の値を測定することができる測定器である．
① **電流の測定**
　測定しようとする電流が測定できる範囲のレンジに切り替える．テスタを測定回路に直列に接続して測定する．
② **電圧の測定**
　測定しようとする電圧が測定できる範囲のレンジに切り替える．テスタを測定回路に並列に接続して測定する．

## 📖 解説 → 問235

抵抗値を測定するためにゼロオーム調整を行うには，テスト棒は先端を接触させて短絡（ショート）状態にする．
　テスト棒を短絡させると2本のテスト棒の間の抵抗値が0〔Ω〕になる．次にゼロオーム調整ツマミを回して，メータの指針が0〔Ω〕を示すように調整すると，0〔Ω〕の値を合わせることができる．

**解答** 問233→3　　問234→2　　問235→3

**出題傾向** 問233 $R$の値が$r$の4倍の問題も出題されている．測定範囲は5倍．

## 問題

### 問 236

測定器を利用して行う下記の操作のうち，定在波比測定器(SWRメータ)が使用されるのは，次のうちどれか．

1 送信周波数を測定するとき．
2 寄生発射の有無を調べるとき．
3 アンテナと給電線との整合状態を調べるとき．
4 共振回路の共振周波数を測定するとき．

### 問 237

SWRメータで測定できるのは，次のうちどれか．

1 周波数　　2 電気抵抗　　3 定在波比　　4 変調度

### 問 238

定在波比測定器(SWRメータ)を使用して，アンテナと同軸給電線の整合状態を正確に調べるとき，同軸給電線のどの部分に挿入したらよいか．

1 同軸給電線の中央の部分
2 同軸給電線の任意の部分
3 同軸給電線の，アンテナの給電点に近い部分
4 同軸給電線の，送信機の出力端子に近い部分

### 問 239

アンテナへ供給される電力を通過形電力計で測定したら，進行波電力9〔W〕，反射波電力1〔W〕であった．アンテナへ供給された電力は幾らか．

1 6〔W〕　　2 8〔W〕　　3 9〔W〕　　4 10〔W〕

## 📖 解説 ➡ 問236

アンテナと給電線の整合状態を調べるときは，定在波比測定器（SWRメータ）を用いる．

給電線の特性インピーダンスとアンテナのインピーダンスを同じ値に合わせると，給電線上の電圧はどの位置でも一定であるが，これらの値が異なると給電線上の位置によって電圧の値が異なる．このとき，給電線上の電圧の最大値 $V_{max}$ と最小値 $V_{min}$ の比をSWRという．SWRが大きいと損失が大きくなる．

誤っている選択肢は，
1 送信周波数を測定するときは，ディップメータや周波数カウンタ等の周波数測定器を用いる．
2 寄生発射の有無を調べるときは，ディップメータやスペクトルアナライザを用いる．
4 共振回路の共振周波数を測定するときは，ディップメータを用いる．

## 📖 解説 ➡ 問237

SWRメータで測定することができるのは，定在波比．

周波数は周波数カウンタ，電気抵抗はテスタ，変調度はオシロスコープで測定する．

> SWRは，Standing（スタンディング／定在）Wave（ウェーブ／波）Ratio（レシオ／比）のこと

## 📖 解説 ➡ 問238

アンテナと給電線の整合状態を正確に調べるときは，SWRメータをアンテナの給電点に近い部分に挿入して測定する．SWRは給電線上の電圧の最大値 $V_{max}$ と最小値 $V_{min}$ の比であり給電線の位置に関係するので，SWRメータを挿入するときの給電線の位置によって測定に誤差を生ずることがある．

## 📖 解説 ➡ 問239

通過形電力計は，給電線からアンテナへ進行する進行波電力とアンテナから反射する反射波電力を測定することができる測定器である．

進行波電力を $P_f$ [W]，反射波電力を $P_r$ [W] とすると，アンテナへ供給された電力 $P$ [W] は，次式で表される．

$P = P_f - P_r = 9 - 1 = 8$ [W]

**解答** 問236 ➡ 3  問237 ➡ 3  問238 ➡ 3  問239 ➡ 2

## 問題

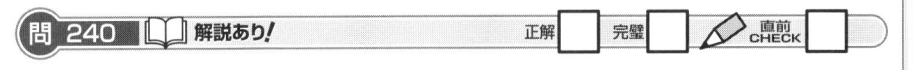

### 問 240

ディップメータの使用で，誤っているのは次のうちどれか．

1　送信周波数を測定するとき．
2　寄生発射の有無を調べるとき．
3　共振回路の共振周波数を測定するとき．
4　アンテナと給電線の整合状態を調べるとき．

### 問 241

ディップメータの用途で，正しいのは次のうちどれか．

1　アンテナのSWRの測定
2　高周波電圧の測定
3　送信機の占有周波数帯幅の測定
4　同調回路の共振周波数の測定

### 問 242

次の記述の □ 内に入れるべき字句の組合せで，正しいものはどれか．

ディップメータによる回路の共振周波数の測定要領は，次のとおりである．

測定しようとする回路に，ディップメータの発振コイルを A に結合する．次に可変コンデンサを調整して，発振周波数を測定周波数に一致させると，ディップメータの発振出力が B されて，電流計の指示が C になる．このときの可変コンデンサのダイヤル目盛から，その回路の共振周波数が直読できる．

|   | A | B | C |
|---|---|---|---|
| 1 | 密 | 相加 | 最大 |
| 2 | 疎 | 相加 | 最大 |
| 3 | 密 | 吸収 | 最小 |
| 4 | 疎 | 吸収 | 最小 |

## 解説 → 問240

　ディップメータは，LC発振器と電流計を組み合わせた測定器である．おおよその周波数を読み取るダイヤルが付いているので，LC共振回路の共振周波数，アンテナの共振周波数，発振回路の発振周波数，送信機のおおよその送信周波数や寄生発射の有無などを測定することができる．

## 解説 → 問241

　SWRはSWRメータ，高周波電圧は高周波電圧計，占有周波数帯幅はスペクトルアナライザで測定する．

## 解説 → 問242

　LC共振回路の測定は，次のように行う．
① 測定する共振回路のコイルに，ディップメータの発振コイルを疎に結合する．
　結合を密にするとディップメータの発振周波数がずれるので，測定誤差を生じる．
② ディップメータの可変コンデンサを調整する．
　可変コンデンサのダイヤルには周波数の目盛りが付いている．
③ ディップメータの発振周波数と共振回路の共振周波数が一致するとディップメータの発振出力が吸収されて電流計の指示が最小になる．
④ このときの可変コンデンサのダイヤル目盛りから，共振回路の共振周波数を読み取る．

「疎」か「密」の場合に，良好なのが「疎」

解答　問240→4　問241→4　問242→4

## 問 243

電波法に規定する「無線局」の定義は，次のどれか．

1 無線設備及び無線設備の操作を行う者の総体をいう．ただし，受信のみを目的とするものを含まない．
2 送信装置及び受信装置の総体をいう．
3 送受信装置及び空中線系の総体をいう．
4 無線通信を行うためのすべての設備をいう．

## 問 244

電波法施行規則に規定する「アマチュア業務」の定義は，次のどれか．

1 金銭上の利益のためでなく，もっぱら個人的な無線技術の興味によって行う自己訓練，通信及び技術的研究その他総務大臣が別に告示する業務を行う無線通信業務をいう．
2 金銭上の利益のためでなく，無線技術の興味によって行う技術的研究の業務をいう．
3 金銭上の利益のためでなく，もっぱら個人的な無線技術の興味によって行う業務をいう．
4 金銭上の利益のためでなく，科学又は技術の発達のために行う無線通信業務をいう．

## 問 245

次の文は，電波法施行規則に規定する「アマチュア業務」の定義であるが，□□□内に入れるべき字句を下の番号から選べ．

「金銭上の利益のためでなく，もっぱら個人的な□□□の興味によって行う自己訓練，通信及び技術的研究その他総務大臣が別に告示する業務を行う無線通信業務をいう．」

1 無線技術　　2 通信技術　　3 電波科学　　4 無線通信

## 問題

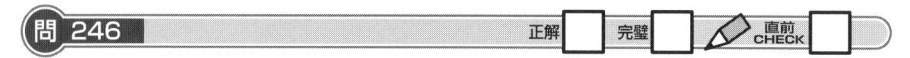

問 246

次の文は，電波法施行規則に規定する「アマチュア業務」の定義であるが，□□内に入れるべき字句を下の番号から選べ．

「金銭上の利益のためでなく，もっぱら個人的な無線技術の興味によって行う□□及び技術的研究その他総務大臣が別に告示する業務を行う無線通信業務をいう．」

1　無線通信　　2　通信操作　　3　自己訓練，通信　　4　通信訓練，運用

問 247

無線局を開設しようとする者は，電波法の規定によりどのような手続をしなければならないか，次のうちから選べ．

1　あらかじめ呼出符号の指定を受けておかなければならない．
2　無線従事者の免許の申請書を提出しなければならない．
3　無線局の免許の申請書を提出しなければならない．
4　あらかじめ運用開始の予定期日を届け出なければならない．

問 248

無線局の再免許が与えられるときに指定される事項は，次のどれか．

1　通信事項
2　無線設備の設置場所
3　呼出符号又は呼出名称
4　空中線の型式及び構成

---

**解答**　問243→1　問244→1　問245→1

**ミニ解説**

問244　誤った選択肢が次と入れ替わっている問題も出題されている．解答は同じ．「金銭上の利益のためでなく，科学又は技術の発達のために行う個人的な技術的研究の無線通信の業務をいう．」

## 問 249

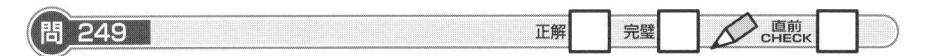

無線局の再免許が与えられるときに指定される事項は，次のどれか．

1 通信の相手方
2 無線設備の設置場所
3 空中線の型式及び構成
4 電波の型式及び周波数

## 問 250

無線局の再免許が与えられるときに指定される事項でないのは，次のどれか．

1 運用許容時間
2 電波の型式及び周波数
3 空中線電力
4 無線設備の設置場所

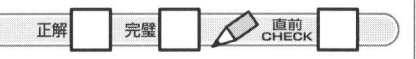

## 問 251

日本の国籍を有する人が開設するアマチュア局の免許の有効期間は，次のどれか．

1 無期限
2 無線設備が使用できなくなるまで
3 免許の日から起算して5年
4 免許の日から起算して10年

## 問 252

アマチュア局（人工衛星等のアマチュア局を除く.）の再免許の申請の期間として，正しいものは次のうちどれか．

1 免許の有効期間満了前3か月以上6か月を超えない期間
2 運用開始後1年から3年までの期間
3 無線設備を更新したときから1年までの期間
4 免許の有効期間満了前1か月以上6か月を超えない期間

# 問題

## 問 253

アマチュア局（人工衛星等のアマチュア局を除く.）の再免許の申請の期間は，免許の有効期間満了前いつからいつまでか，次のうちから選べ.

1　1か月以上6か月を超えない期間
2　2か月以上6か月を超えない期間
3　3か月以上6か月を超えない期間
4　6か月以上1年を超えない期間

## 問 254

無線局の免許状に記載される事項でないのは，次のどれか.

1　免許人の住所　　　2　免許の有効期間
3　無線局の目的　　　4　無線従事者の資格

## 問 255

次の文は，無線局の通信の相手方の変更等に関する電波法の規定であるが，□□□内に入れるべき字句を下の番号から選べ.

「免許人は，通信の相手方，通信事項若しくは無線設備の設置場所を変更し，又は無線設備の□□□をしようとするときは，あらかじめ総務大臣の許可を受けなければならない.」

1　機器の型式の変更　　　2　通信方式の変更
3　工事設計の変更　　　　4　変更の工事

---

**解答**　問246→3　　問247→3　　問248→3　　問249→4　　問250→4
　　　　問251→3　　問252→4

**ミニ解説**
問246　□□□の部分が「自己訓練」のみを答える問題も出題されている.
問248　「呼出符号又は呼出名称」の指定事項のうち，アマチュア局には「呼出符号」が指定される.
問250　再免許のときには，次の事項が指定される.
　　　①電波の型式及び周波数，②呼出符号又は呼出名称（識別信号），③空中線電力，④運用許容時間.

158

## 問題

### 問 256

無線局の免許状に記載される事項でないものは，次のどれか．

1 免許人の住所
2 無線局の種別
3 空中線の型式
4 無線設備の設置場所

### 問 257

アマチュア局の免許人が，あらかじめ総合通信局長（沖縄総合通信事務所長を含む．）の許可を受けなければならない場合は，次のどれか．

1 無線局を廃止しようとするとき．
2 免許状の訂正を受けようとするとき．
3 無線局の運用を休止しようとするとき．
4 通信事項を変更しようとするとき．

### 問 258

アマチュア局の免許人が，あらかじめ総合通信局長（沖縄総合通信事務所長を含む．）の許可を受けなければならない場合は，次のどれか．

1 無線局を廃止しようとするとき．
2 免許状の訂正を受けようとするとき．
3 無線局の運用を休止しようとするとき．
4 無線設備の変更の工事をしようとするとき．

### 問 259

アマチュア局の免許人が，あらかじめ総合通信局長（沖縄総合通信事務所長を含む．）の許可を受けなければならない場合は，次のどれか．

1 免許状の訂正を受けようとするとき．
2 無線局の運用を休止しようとするとき．
3 無線設備の設置場所を変更しようとするとき．
4 無線局を廃止しようとするとき．

# 問題

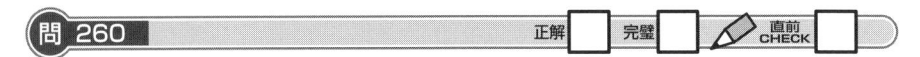

## 問 260

免許人が無線設備の設置場所を変更しようとするときは，どうしなければならないか，次のうちから選べ．

1 あらかじめ免許状の訂正を受けた後，無線設備の設置場所を変更する．
2 無線設備の設置場所を変更した後，総務大臣に届け出る．
3 あらかじめ総務大臣に届け出て，その指示を受ける．
4 あらかじめ総務大臣に申請し，その許可を受ける．

## 問 261

免許人が無線設備の変更の工事（総務省令で定める軽微な事項を除く．）をしようとするときの手続は，次のどれか．

1 直ちにその旨を報告する．
2 直ちにその旨を届け出る．
3 あらかじめ許可を受ける．
4 あらかじめ指示を受ける．

---

**解答** 問253→1　問254→4　問255→4　問256→3　問257→4
　　　　問258→4　問259→3

**ミニ解説**

問254　無線局の免許状には次の事項が記載される．
①免許人の氏名又は名称及び住所，②無線局の種別，③無線局の目的，④通信の相手方及び通信事項，⑤無線設備の設置場所，⑥免許の有効期間，⑦識別信号，⑧電波の型式及び周波数，⑨空中線電力，⑩運用許容時間．
「免許人」とは，アマチュア局の免許を受けた個人や社団のことをいう．

問257　アマチュア局の免許に関する権限は，総務大臣から総合通信局長（沖縄総合通信事務所長を含む．）に委任されている．試験問題では，「総務大臣」となっているものと，「総合通信局長（沖縄総合通信事務所長を含む．）」があるが，どちらでも同じ意味．

## 問 262

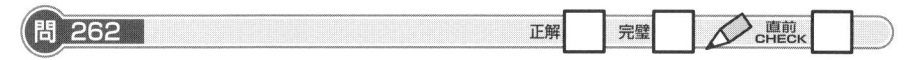

免許人が電波の型式の指定の変更を受けようとするときの手続は，次のどれか．

1 免許状の訂正を受ける．
2 その旨を届け出る．
3 その旨を申請する．
4 あらかじめ指示を受ける．

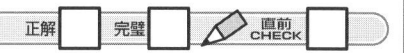

## 問 263

免許人が周波数の指定の変更を受けようとするときは，どのようにしなければならないか，次のうちから選べ．

1 その旨を届け出る．
2 その旨を申請する．
3 あらかじめ指示を受ける．
4 あらかじめ免許状の訂正を受ける．

## 問 264

免許人は，その無線局を廃止するときは，どのようにしなければならないか，次のうちから選べ．

1 申請して許可を受ける．
2 無線局検査結果通知書を送付する．
3 その旨を届け出る．
4 指示を受ける．

# 問題

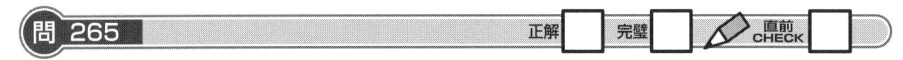

## 問 265

次の文は，空中線の撤去に関する電波法の規定であるが，☐☐☐内に入れるべき字句を下の番号から選べ．

「無線局の免許等がその効力を失ったときは，免許人であった者は，☐☐☐空中線を撤去しなければならない．」

1　1か月以内に
2　1週間以内に
3　10日以内に
4　遅滞なく

## 問 266

電波法の規定により，遅滞なく空中線を撤去しなければならない場合は，次のどれか．

1　無線局の免許がその効力を失ったとき．
2　無線局の運用を休止したとき．
3　無線局の運用の停止を命ぜられたとき．
4　無線局が臨時に電波の発射の停止を命ぜられたとき．

---

**解答**　問260→4　問261→3　問262→3　問263→2　問264→3

**ミニ解説**

**問261** 問題文の「無線設備の変更の工事（総務省令で定める軽微な事項を除く．）」の部分が「無線設備の設置場所」になっている問題も出題されている．選択肢と解答は同じ．

**問262** 免許のときに指定される事項は，次のとおり．
①工事落成の期限，②電波の型式及び周波数，③呼出符号，④空中線電力，⑤運用許容時間
問題文の「電波の型式」の部分が「呼出符号」又は「空中線電力」になっている問題も出題されている．選択肢と解答は同じ．

## 問 267

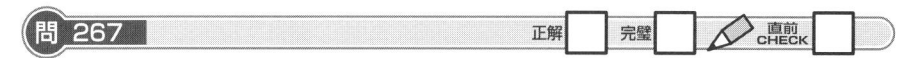

無線局の免許がその効力を失ったとき，免許人であった者が遅滞なくとらなければならないことになっている措置は，次のどれか．

1 空中線を撤去する．
2 無線設備を撤去する．
3 送信装置を撤去する．
4 受信装置を撤去する．

## 問 268

無線局の免許がその効力を失ったとき，免許人であった者が遅滞なく撤去しなければならないと定められているものは何か．正しいものを次のうちから選べ．

1 送信装置
2 受信装置
3 保護装置
4 空中線

## 問 269

電波法に規定する「無線設備」の定義は，次のどれか．

1 無線電信，無線電話その他電波を送るための通信設備をいう．
2 無線電信，無線電話その他電波を送り，又は受けるための電気的設備をいう．
3 無線電信，無線電話その他の設備をいう．
4 電波を送るための電気的設備をいう．

# 問題

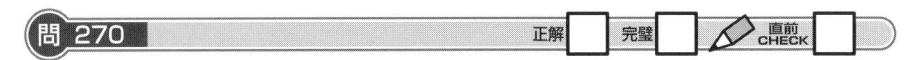

## 問 270

次の文は，電波法施行規則に規定する「送信設備」の定義であるが，□□□内に入れるべき字句を下の番号から選べ．

「送信設備とは，□□□と送信空中線系とから成る電波を送る設備をいう．」

1　高周波発生装置　　2　送信装置
3　発振器　　　　　　4　増幅器

## 問 271

次の文は，電波法施行規則に規定された定義の一つであるが，何についてのものか，下の番号から選べ．

「送信装置と送信空中線系とから成る電波を送る設備をいう．」

1　電気的設備　　2　送信設備　　3　無線設備　　4　通信設備

## 問 272

次の文は，電波法の規定であるが，□□□内に入れるべき字句を下の番号から選べ．

「無線電話とは，電波を利用して，□□□を送り，又は受けるための通信設備をいう．」

1　信号　　　　　　2　符号
3　音声又は映像　　4　音声その他の音響

---

**解答**　問265→4　問266→1　問267→1　問268→4　問269→2

**ミニ解説**　問265　「免許等」とは，無線局の免許と登録のこと．アマチュア局の場合は免許である．

## 問 273

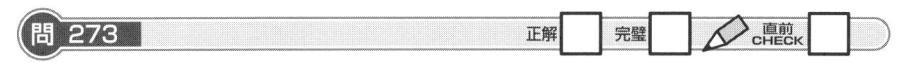

次の文は，電波法施行規則に規定する「送信空中線系」の定義であるが，□内に入れるべき字句を下の番号から選べ．

「送信空中線系とは，送信装置の発生する□を空間へ輻射する装置をいう．」

1　電磁波　　　2　高周波エネルギー
3　寄生発射　　4　変調周波数

## 問 274　解説あり!

単一チャネルのアナログ信号で振幅変調した両側波帯の電話の電波の型式を表示する記号は，次のどれか．

1　R3E　　2　J3E　　3　H3E　　4　A3E

## 問 275　解説あり!

単一チャネルのアナログ信号で振幅変調した抑圧搬送波による単側波帯の電話の電波の型式を表示する記号は，次のどれか．

1　A3E　　2　H3E　　3　J3E　　4　R3E

## 問 276　解説あり!

単一チャネルのアナログ信号で周波数変調した電話の電波の型式を表示する記号は，次のどれか．

1　J3E　　2　A3E　　3　F3E　　4　F3F

# 問題

## 📖 解説 → 問274～276

### 電波の型式の表示
電波の型式を次のように分類し，それぞれに掲げる記号をもって表示する．

一　主搬送波の変調の型式　　　　　　　　　　　　　　　　　　　　　記号
　(1)　振幅変調　　(一)　両側波帯　　　　　　　　　　　　　　　　　　A
　　　　　　　　　(二)　全搬送波による単側波帯　　　　　　　　　　　H
　　　　　　　　　(三)　低減搬送波による単側波帯　　　　　　　　　　R
　　　　　　　　　(四)　抑圧搬送波による単側波帯　　　　　　　　　　J
　(2)　角度変調　　(一)　周波数変調　　　　　　　　　　　　　　　　　F
　　　　　　　　　(二)　位相変調　　　　　　　　　　　　　　　　　　G

二　主搬送波を変調する信号の性質　　　　　　　　　　　　　　　　　記号
　(1)　デジタル信号である単一チャネルのもの
　　　　　　　　　(一)　変調のための副搬送波を使用しないもの　　　　1
　　　　　　　　　(二)　変調のための副搬送波を使用するもの　　　　　2
　(2)　アナログ信号である単一チャネルのもの　　　　　　　　　　　　3
　(3)　デジタル信号である2以上のチャネルのもの　　　　　　　　　　7
　(4)　アナログ信号である2以上のチャネルのもの　　　　　　　　　　8

三　伝送情報の型式　　　　　　　　　　　　　　　　　　　　　　　　記号
　(1)　ファクシミリ　　　　　　　　　　　　　　　　　　　　　　　　C
　(2)　データ伝送，遠隔測定又は遠隔指令　　　　　　　　　　　　　　D
　(3)　電話（音響の放送を含む．）　　　　　　　　　　　　　　　　　　E
　(4)　テレビジョン（映像に限る．）　　　　　　　　　　　　　　　　　F

### 電波の型式の表示例
　A3E　振幅変調の両側波帯，アナログ信号の単一チャネル，電話
　F3E　周波数変調，アナログ信号の単一チャネル，電話
　J3E　振幅変調の抑圧搬送波による単側波帯，アナログ信号の単一チャネル，電話
　R3E　振幅変調の低減搬送波による単側波帯，アナログ信号の単一チャネル，電話
　A3F　振幅変調の両側波帯，アナログ信号の単一チャネル，テレビジョン

解答　問270→2　問271→2　問272→4　問273→2　問274→4
　　　問275→3　問276→3

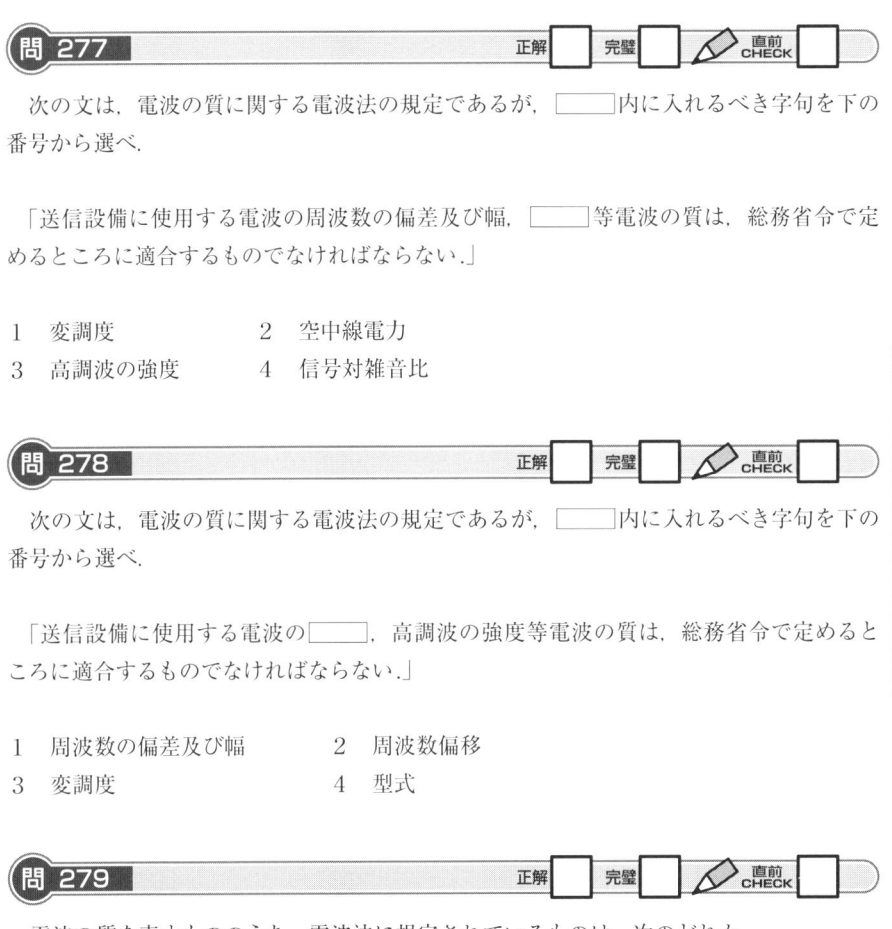

## 問題

### 問 277

次の文は，電波の質に関する電波法の規定であるが，□内に入れるべき字句を下の番号から選べ．

「送信設備に使用する電波の周波数の偏差及び幅，□等電波の質は，総務省令で定めるところに適合するものでなければならない．」

1　変調度
2　空中線電力
3　高調波の強度
4　信号対雑音比

### 問 278

次の文は，電波の質に関する電波法の規定であるが，□内に入れるべき字句を下の番号から選べ．

「送信設備に使用する電波の□，高調波の強度等電波の質は，総務省令で定めるところに適合するものでなければならない．」

1　周波数の偏差及び幅
2　周波数偏移
3　変調度
4　型式

### 問 279

電波の質を表すもののうち，電波法に規定されているものは，次のどれか．

1　変調度
2　電波の型式
3　信号対雑音比
4　周波数の偏差及び幅

### 問 280

電波の質を表すもののうち，電波法に規定されているものは，次のどれか．

1　電波の型式
2　信号対雑音比
3　変調度
4　周波数の偏差

## 問 281

電波の質を表すもののうち，電波法に規定されているものは，次のどれか．

1　空中線電力の偏差　　　2　高調波の強度
3　信号対雑音比　　　　　4　変調度

## 問 282

次の文は，周波数の安定のための条件に関する無線設備規則の規定であるが，☐内に入れるべき字句を下の番号から選べ．

「周波数をその許容偏差内に維持するため，送信装置は，できる限り電源電圧又は負荷の変化によって☐に影響を与えないものでなければならない．」

1　空中線電力　　　　2　変調波
3　発振周波数　　　　4　電波の質

## 問 283

次の文は，周波数の安定のための条件に関する無線設備規則の規定であるが，☐内に入れるべき字句を下の番号から選べ．

「周波数をその許容偏差内に維持するため，発振回路の方式は，できる限り☐によって影響を受けないものでなければならない．」

1　外囲の温度若しくは湿度の変化　　　2　電圧若しくは電流の変化
3　電源電圧又は負荷の変化　　　　　　4　振動又は衝撃

解答　問277→3　問278→1　問279→4　問280→4

## 問 284

次の文は，周波数の安定のための条件に関する無線設備規則の規定であるが，□□□内に入れるべき字句を下の番号から選べ．

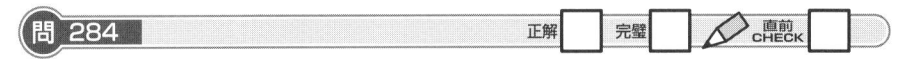

「周波数をその許容偏差内に維持するため，発振回路の方式は，できる限り外囲の温度若しくは□□□によって影響を受けないものでなければならない．」

1 湿度の変化　　2 電源電圧の変化　　3 負荷の変化　　4 振動

## 問 285

次の文は，周波数の安定のための条件に関する無線設備規則の規定であるが，□□□内に入れるべき字句を下の番号から選べ．

「移動するアマチュア局の送信装置は，実際上起り得る□□□によっても周波数をその許容偏差内に維持するものでなければならない．」

1 振動又は衝撃
2 電圧又は電流の変化
3 電源電圧又は負荷の変化
4 外囲の温度又は湿度の変化

## 問 286

アマチュア局の送信装置の条件として無線設備規則に規定されているものは，次のどれか．

1 空中線電力を低下させる機能を有してはならない．
2 通信に秘匿性を与える機能を有してはならない．
3 通信方式に変更を生じさせるものであってはならない．
4 変調特性に支障を与えるものであってはならない．

# 問題

## 問 287

次の文は，第四級アマチュア無線技士が行うことができる無線設備の操作について，電波法施行令の規定に沿って述べたものであるが，□□□内に入れるべき字句を下の番号から選べ．

「アマチュア無線局の空中線電力□□□の無線設備で30メガヘルツを超える周波数の電波を使用するものの操作（モールス符号による通信操作を除く．）」

1　10ワット以下　　　　2　20ワット以下
3　25ワット以下　　　　4　50ワット以下

## 問 288

次の文は，第四級アマチュア無線技士が行うことができる無線設備の操作について，電波法施行令の規定に沿って述べたものであるが，□□□内に入れるべき字句を下の番号から選べ．

「アマチュア無線局の空中線電力10ワット以下の□□□で21メガヘルツから30メガヘルツまで又は8メガヘルツ以下の周波数の電波を使用するものの操作（モールス符号による通信操作を除く．）」

1　無線電話　　2　無線電信　　3　テレビジョン　　4　無線設備

## 問 289

21メガヘルツから30メガヘルツまでの周波数の電波を使用する無線設備では，第四級アマチュア無線技士が操作を行うことができる最大空中線電力は，次のどれか．

1　10ワット　　2　20ワット　　3　25ワット　　4　50ワット

---

**解答**　問281→2　問282→3　問283→1　問284→1　問285→1
　　　　　問286→2

**ミニ解説**
問281　誤った選択肢が次と入れ替わっている問題も出題されている．解答は同じ．「電波の型式」
問283　□□□の部分が「湿度の変化」のみを答える問題も出題されている．

## 問 290

第四級アマチュア無線技士が操作を行うことができる電波の周波数の範囲は，次のどれか．

1　21メガヘルツ以下
2　21メガヘルツ以上又は8メガヘルツ以下
3　8メガヘルツ以上
4　8メガヘルツ以上21メガヘルツ以下

## 問 291

30メガヘルツを超える周波数の電波を使用する無線設備では，第四級アマチュア無線技士が操作を行うことができる最大空中線電力は，次のどれか．

1　10ワット　　2　20ワット　　3　25ワット　　4　50ワット

## 問 292

無線従事者の免許を与えられないことがある者は，次のどれか．

1　刑法に規定する罪を犯し，罰金以上の刑に処せられ，その執行を終わった日から2年を経過しない者
2　一定の期間内にアマチュア局を開設する計画のない者
3　住民票の住所と異なる所に居住している者
4　無線従事者の免許を取り消され，取消しの日から2年を経過しない者

## 問 293

次の文は，電波法施行規則の規定であるが，　　　内に入れるべき字句を下の番号から選べ．

「無線従事者は，その業務に従事しているときは，免許証を　　　していなければならない．」

1　送信装置のある場所に保管
2　無線局に保管
3　通信室に掲示
4　携帯

## 問題

### 問 294

無線従事者は，その業務に従事しているときは，免許証をどのようにしていなければならないか，次のうちから選べ．

1 携帯する．
2 移動するときは，身元保証人に預ける．
3 紛失しないよう金庫等に保管する．
4 無線設備のある場所の見やすい箇所に掲げておく．

### 問 295

無線従事者は，その業務に従事しているときは，免許証をどのようにしていなければならないか，次のうちから選べ．

1 携帯する．
2 常置場所に掲げておく．
3 他の書類とともに保管する．
4 主たる送信装置のある場所の見やすい箇所に掲げておく．

### 問 296

無線従事者が免許証の訂正を受けなければならないのは，どのような場合か，次のうちから選べ．

1 氏名に変更を生じたとき．
2 本籍地に変更を生じたとき．
3 現住所に変更を生じたとき．
4 他の無線従事者の資格を取得したとき．

---

**解答**
問287→2　問288→4　問289→1　問290→2　問291→2
問292→4　問293→4

**ミニ解説**
問287～291　第四級アマチュア無線技士の操作の範囲．
① 空中線電力10ワット以下の無線設備で21メガヘルツから30メガヘルツまで又は8メガヘルツ以下の周波数の電波を使用するもの．
② 空中線電力20ワット以下の無線設備で30メガヘルツを超える周波数の電波を使用するもの．

## 問 297

無線従事者免許証の再交付の申請理由に該当しないのは，次のどれか．

1　無線従事者の免許証を汚したとき．
2　無線従事者の免許を受けた日から5年が経過したとき．
3　無線従事者の免許証を破ったとき．
4　無線従事者の免許証を失ったとき．

## 問 298

無線従事者が，免許証を失って再交付を受けた後，失った免許証を発見したときは，発見した日からどれほどの期間内にその免許証を返さなければならないことになっているか，次のうちから選べ．

1　7日　　　2　10日　　　3　14日　　　4　1か月

## 問 299

無線従事者免許証を返納しなければならないのは，次のどれか．

1　無線設備の操作を5年以上行わなかったとき．
2　3か月間業務に従事することを停止されたとき．
3　無線従事者が失そうの宣告を受けたとき．
4　無線従事者の免許を受けた日から5年が経過したとき．

## 問 300

次の文は，電波法施行規則に規定する「混信」の定義であるが，□内に入れるべき字句を下の番号から選べ．

「他の無線局の正常な業務の運行を□する電波の発射，輻射又は誘導をいう．」

1　制限　　　2　中断　　　3　停止　　　4　妨害

## 問題

### 問 301

次の文は，目的外使用の禁止に関する電波法の規定であるが，□□□内に入れるべき字句を下の番号から選べ．

「無線局は，□□□に記載された目的又は通信の相手方若しくは通信事項の範囲を超えて運用してはならない．」

1 免許証　　2 無線局事項書　　3 免許状　　4 無線局免許申請書

### 問 302

アマチュア局を運用する場合において，無線設備の設置場所は，遭難通信を行う場合を除き，次のどれに記載されたところによらなければならないか．

1 無線局免許申請書　　2 無線局事項書　　3 免許状　　4 免許証

### 問 303

アマチュア局を運用する場合において，呼出符号は，遭難通信を行う場合を除き，次のどれに記載されたところによらなければならないか．

1 無線局免許申請書　　2 無線局事項書　　3 免許状　　4 免許証

---

**解答**　問294→1　問295→1　問296→1　問297→2　問298→2
　　　　問299→3　問300→4

**ミニ解説**　問295　誤った選択肢が次と入れ替わっている問題も出題されている．解答は同じ．「無線局に備え付ける．」，「通信室内の見やすい箇所に掲げる．」，「通信室内に保管する．」，「無線局に備え付ける．」

## 問題

### 問 304

アマチュア局を運用する場合において，電波の型式は，遭難通信を行う場合を除き，次のどれに記載されたところによらなければならないか．

1　無線局免許申請書　　2　無線局事項書　　3　免許証　　4　免許状

### 問 305

アマチュア局を運用する場合において，空中線電力は，遭難通信を行う場合を除き，次のどれによらなければならないか．

1　通信の相手方となる無線局が要求するもの
2　無線局免許申請書に記載したもの
3　免許状に記載されたものの範囲内で適当なもの
4　免許状に記載されたものの範囲内で通信を行うため必要最小のもの

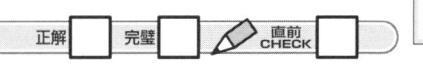

### 問 306

アマチュア局がその免許状に記載された目的又は通信の相手方若しくは通信事項の範囲を超えて運用できる通信は，次のどれか．

1　宇宙無線通信　　2　国際通信　　3　電気通信業務の通信　　4　非常通信

### 問 307

アマチュア局がその免許状に記載された目的の範囲を超えて運用できる通信は，次のどれか．

1　非常通信を行うとき．
2　道路交通状況に関する通信を行うとき．
3　携帯移動業務の通信を行うとき．
4　他人から依頼された通信を行うとき．

## 問 308

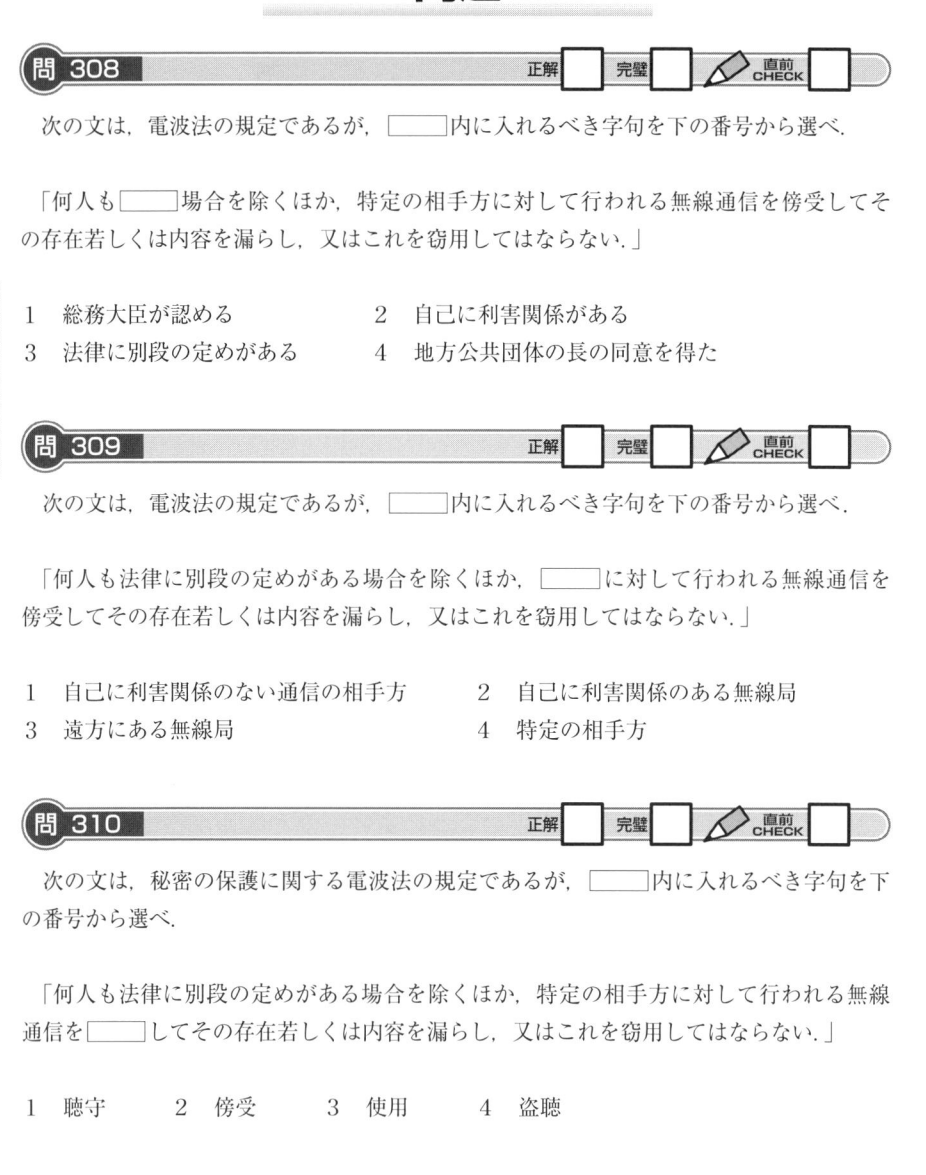

次の文は、電波法の規定であるが、□内に入れるべき字句を下の番号から選べ.

「何人も□場合を除くほか，特定の相手方に対して行われる無線通信を傍受してその存在若しくは内容を漏らし，又はこれを窃用してはならない.」

1　総務大臣が認める
2　自己に利害関係がある
3　法律に別段の定めがある
4　地方公共団体の長の同意を得た

## 問 309

次の文は，電波法の規定であるが，□内に入れるべき字句を下の番号から選べ.

「何人も法律に別段の定めがある場合を除くほか，□に対して行われる無線通信を傍受してその存在若しくは内容を漏らし，又はこれを窃用してはならない.」

1　自己に利害関係のない通信の相手方
2　自己に利害関係のある無線局
3　遠方にある無線局
4　特定の相手方

## 問 310

次の文は，秘密の保護に関する電波法の規定であるが，□内に入れるべき字句を下の番号から選べ.

「何人も法律に別段の定めがある場合を除くほか，特定の相手方に対して行われる無線通信を□してその存在若しくは内容を漏らし，又はこれを窃用してはならない.」

1　聴守　　2　傍受　　3　使用　　4　盗聴

---

**解答**　問301→3　問302→3　問303→3　問304→4　問305→4
　　　　　問306→4　問307→1

**ミニ解説**　問304　問題文の「電波の型式」の部分が「周波数」又は「電波の型式及び周波数」になっている問題も出題されている．選択肢と解答は同じ．

## 問題

### 問 311

次の文は，秘密の保護に関する電波法の規定であるが，□内に入れるべき字句を下の番号から選べ．

「何人も法律に別段の定めがある場合を除くほか，特定の相手方に対して行われる無線通信を傍受してその□を漏らし，又はこれを窃用してはならない．」

1　相手方及び記録　　2　存在若しくは内容　　3　通信事項　　4　情報

### 問 312

無線局運用規則において，無線通信の原則として規定されているものは次のどれか．

1　無線通信は，長時間継続して行ってはならない．
2　無線通信に使用する用語は，できる限り簡潔でなければならない．
3　無線通信は，有線通信を利用することができないときに限り行うものとする．
4　無線通信を行う場合においては，略符号以外の用語を使用してはならない．

### 問 313

アマチュア局が無線通信を行うときは，その出所を明らかにするため，何を付さなければならないか，次のうちから選べ．

1　自局の設置場所
2　免許人の氏名
3　自局の呼出符号
4　免許人の住所

# 問題

## 問 314

次の文は，無線通信の原則に関する無線局運用規則の規定であるが，☐内に入れるべき字句を下の番号から選べ．

「無線通信は，☐に行うものとし，通信上の誤りを知ったときは，直ちに訂正しなければならない．」

1　明りょう　　2　迅速　　3　適切　　4　正確

## 問 315

次の文は，無線局運用規則の規定であるが，☐内に入れるべき字句を下の番号から選べ．

「無線通信は，正確に行うものとし，通信上の誤りを知ったときは，☐」

1　始めから更に送信しなければならない．
2　通報の送信が終わった後，訂正箇所を通知しなければならない．
3　直ちに訂正しなければならない．
4　適宜に通報の訂正を行わなければならない．

## 問 316

アマチュア局の行う通信に使用してはならない用語は，次のどれか．

1　業務用語
2　普通語
3　暗語
4　略語

---

**解答**　問308→3　　問309→4　　問310→2　　問311→2　　問312→2
問313→3

**ミニ解説**　**問309**　誤った選択肢が次と入れ替わっている問題も出題されている．解答は同じ．
「通信の相手方」，「すべての相手方」，「第三者」

## 問題

### 問 317 正解　完璧　直前CHECK

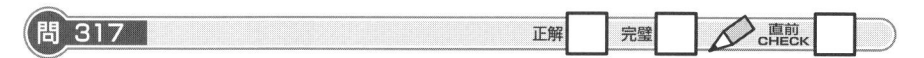

アマチュア局の行う通信における暗語の使用について，電波法に定められているのは，次のどれか．

1 相手局の同意がない限り暗語を使用してはならない．
2 必要に応じ暗語を使用することができる．
3 承認を得た暗語を使用することができる．
4 暗語を使用してはならない．

### 問 318 正解　完璧　直前CHECK

アマチュア局は，他人の依頼による通報を送信することができるかどうか，次のうちから選べ．

1 やむを得ないと判断したものはできる．
2 内容が簡単であればできる．
3 できる．
4 できない．

### 問 319 正解　完璧　直前CHECK

アマチュア局においては，免許人（免許人が社団である場合には，その構成員）以外の者は無線設備の操作を行うことが認められるか，次のうちから選べ．

1 認められる．
2 認められない．
3 無線従事者であれば認められる．
4 免許人の同意があれば認められる．

## 問 320

次の文は，アマチュア局における発射の制限に関する無線局運用規則の規定であるが，□内に入れるべき字句を下の番号から選べ．

「アマチュア局においては，その発射の占有する□に含まれているいかなるエネルギーの発射も，その局が動作することを許された周波数帯から逸脱してはならない．」

1　特性周波数　　2　周波数帯幅　　3　基準周波数　　4　周波数

## 問 321

次の文は，アマチュア局における発射の制限に関する無線局運用規則の規定であるが，□内に入れるべき字句を下の番号から選べ．

「アマチュア局においては，その発射の占有する周波数帯幅に含まれているいかなるエネルギーの発射も，その局が動作することを許された□から逸脱してはならない．」

1　周波数　　　　　　　2　周波数帯
3　周波数の許容偏差　　4　スプリアス発射の強度の許容値

## 問 322

アマチュア局は，自局の発射する電波がテレビジョン放送又はラジオ放送の受信等に支障を与えるときは，非常の場合の無線通信等を行う場合を除き，どのようにしなければならないか，次のうちから選べ．

1　注意しながら電波を発射する．
2　障害の状況を把握し，適切な措置をしてから電波を発射する．
3　速やかに当該周波数による電波の発射を中止する．
4　空中線電力を小さくする．

---

**解答**　問314→4　問315→3　問316→3　問317→4　問318→4
問319→2

**ミニ解説**　問319　免許人とは，アマチュア局の免許を受けた者のことをいう．個人で無線局の免許を受けた場合は，免許人は無線従事者と同じ人である．社団で無線局の免許を受けた場合は，免許人は○○無線クラブなどの団体であり，構成員とはクラブ員のことをいう．

## 問 323

他の無線局等に混信その他の妨害を与える場合であっても，アマチュア局が行うことができる通信は次のどれか．

1 非常の場合の無線通信の訓練のために行う通信
2 無線機器の調整をするために行う通信
3 現行犯人の逮捕に関する通信
4 非常通信

## 問 324

次の文は，無線局運用規則の規定であるが，[　　]内に入れるべき字句を下の番号から選べ．

「無線局は，相手局を呼び出そうとするときは，電波を発射する前に，[　　]を最良の感度に調整し，自局の発射しようとする電波の周波数その他必要と認める周波数によって聴守し，他の通信に混信を与えないことを確かめなければならない．」

1 送信装置　　2 整合回路　　3 受信機　　4 空中線

## 問 325

アマチュア局の無線電話通信における呼出しは，次のどれによって行わなければならないか．

1
① 相手局の呼出符号　3回以下
② こちらは　1回
③ 自局の呼出符号　3回以下

2
① 相手局の呼出符号　3回以下
② こちらは　2回
③ 自局の呼出符号　3回以下

3
① 相手局の呼出符号　3回
② こちらは　3回
③ 自局の呼出符号　3回

4
① 相手局の呼出符号　5回
② こちらは　1回
③ 自局の呼出符号　5回

# 問題

## 問 326

次の「　」内は，アマチュア局が無線電話により免許状に記載された通信の相手方である無線局を一括して呼び出す場合に順次送信する事項であるが，□□□内に入れるべき字句を下の番号から選べ．

「① 各局　　　　　　　　　□□□
　② こちらは　　　　　　　1回
　③ 自局の呼出符号　　　　3回以下
　④ どうぞ　　　　　　　　1回」

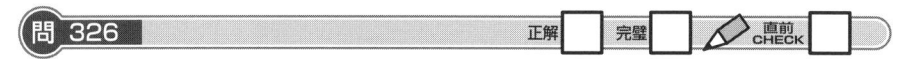

1　3回　　　2　5回以下　　　3　10回以下　　　4　数回

## 問 327

アマチュア局が呼出しを反復しても応答がない場合，呼出しを再開するには，できる限り，少なくとも何分間の間隔をおかなければならないと定められているか，正しいものを次のうちから選べ．

1　10分間　　　2　5分間　　　3　3分間　　　4　2分間

## 問 328

無線局は，自局の呼出しが他の既に行われている通信に混信を与える旨の通知を受けたときは，どのようにしなければならないことになっているか，次のうちから選べ．

1　混信の度合いが強いときに限り，直ちにその呼出しを中止する．
2　空中線電力を小さくして，注意しながら呼出しを行う．
3　中止の要求があるまで呼出しを反復する．
4　直ちにその呼出しを中止する．

---

**解答**　問320→2　問321→2　問322→3　問323→4　問324→3
　　　　問325→1

**ミニ解説**　問322　誤った選択肢が次と入れ替わっている問題も出題されている．解答は同じ．
「障害の程度を調査し，その結果によっては電波の発射を中止する．」

# 問題

## 問 329

アマチュア局の無線電話通信における応答事項は，次のどれか．

1　① 相手局の呼出符号　3回以下
　　② こちらは　　　　　1回
　　③ 自局の呼出符号　　3回

2　① 相手局の呼出符号　3回
　　② こちらは　　　　　1回
　　③ 自局の呼出符号　　3回

3　① 相手局の呼出符号　2回
　　② こちらは　　　　　1回
　　③ 自局の呼出符号　　2回

4　① 相手局の呼出符号　3回以下
　　② こちらは　　　　　1回
　　③ 自局の呼出符号　　1回

## 問 330

次の「　」内は，アマチュア局が無線電話により応答する場合に順次送信する事項であるが，□内に入れるべき字句を下の番号から選べ．

「① 相手局の呼出符号　　□
　② こちらは　　　　　　1回
　③ 自局の呼出符号　　　1回」

1　3回以下　　2　5回　　3　10回以下　　4　数回

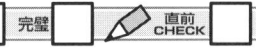

## 問 331

次の「　」内は，アマチュア局が無線電話により応答する場合に順次送信する事項であるが，□内に入れるべき字句を下の番号から選べ．

「① 相手局の呼出符号　　3回以下
　② こちらは　　　　　　1回
　③ 自局の呼出符号　　　□」

1　3回以下　　2　3回　　3　2回　　4　1回

# 問題

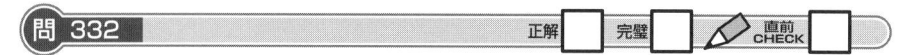

## 問 332

無線電話通信において，応答に際して直ちに通報を受信するとき，応答事項の次に送信する略語は，次のどれか．

1 どうぞ
2 OK
3 了解
4 送信してください

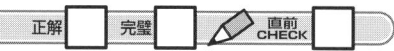

## 問 333

アマチュア局の無線電話通信において，応答に際し10分以上たたなければ通報を受信することができない事由があるとき，応答事項の次に送信するのは，次のどれか．

1 「どうぞ」及び分で表す概略の待つべき時間
2 「お待ちください」及び呼出しを再開すべき時刻
3 「どうぞ」及び通報を受信することができない事由
4 「お待ちください」，分で表す概略の待つべき時間及びその理由

## 問 334

無線局が自局に対する呼出しであることが確実でない呼出しを受信したときは，次のどれによらなければならないか．

1 その呼出しが数回反復されるまで応答しない．
2 直ちに応答し，自局に対する呼出しであることを確かめる．
3 その呼出しが反復され，他のいずれの無線局も応答しないときは，直ちに応答する．
4 その呼出しが反復され，かつ，自局に対する呼出しであることが確実に判明するまで応答しない．

---

**解答** 問326→1  問327→3  問328→4  問329→4  問330→1
問331→4

**ミニ解説** 問327 誤った選択肢が次と入れ替わっている問題も出題されている．解答は同じ．「15分間」

## 問 335

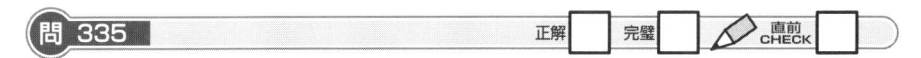

無線電話による自局に対する呼出しを受信した場合において，呼出局の呼出符号が不確実であるときは，次のどれによらなければならないか．

1 応答事項のうち相手局の呼出符号の代わりに「誰かこちらを呼びましたか」の略語を使用して，直ちに応答する．
2 応答事項のうち相手局の呼出符号の代わりに「貴局名は何ですか」の略語を使用して，直ちに応答する．
3 応答事項のうち相手局の呼出符号を省略して，直ちに応答する．
4 呼出局の呼出符号が確実に判明するまで応答しない．

## 問 336

無線電話通信において，自局に対する呼出しを受信した場合に，呼出局の呼出符号が不確実であるときは，応答事項のうち相手局の呼出符号の代わりに次のどれを使用して直ちに応答しなければならないか．

1 誰かこちらを呼びましたか．
2 再びこちらを呼んでください．
3 貴局名は何ですか．
4 反復願います．

## 問 337

空中線電力10ワットの無線電話を使用して呼出しを行う場合において，確実に連絡の設定ができると認められるとき，呼出しは，次のどれによることができるか．

1 相手局の呼出符号　　　　　3回以下
2 ① こちらは
　 ② 自局の呼出符号　　　　3回以下
3 自局の呼出符号　　　　　　3回以下
4 ① 相手局の呼出符号　　　1回
　 ② 自局の呼出符号　　　　1回

## 問題

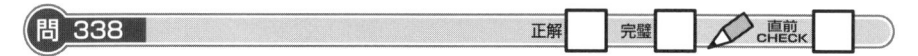

### 問 338

空中線電力10ワットの無線電話を使用して応答を行う場合において，確実に連絡の設定ができると認められるとき，応答は，次のどれによることができるか．

1 どうぞ
2 ① こちらは
　② 自局の呼出符号　　　　　1回
3 相手局の呼出符号　　　　　3回以下
4 ① 相手局の呼出符号　　　　1回
　② 自局の呼出符号　　　　　1回

### 問 339

無線電話通信において，「終わり」の略語を使用することになっている場合は，次のどれか．

1 閉局しようとするとき．
2 通報の送信を終わるとき．
3 周波数の変更を完了したとき．
4 通報がないことを通知しようとするとき．

### 問 340

無線電話通信において，通報を確実に受信したときに使用する略語は，次のどれか．

1 終わり　　2 受信しました　　3 「了解」又は「OK」　　4 ありがとう

### 問 341

無線電話通信において，「さようなら」を送信することになっている場合は，次のどれか．

1 通信が終了したとき．
2 通報を確実に受信したとき．
3 通報の送信を終了したとき．
4 無線機器の試験又は調整を終わったとき．

---

**解答**　問332→1　問333→4　問334→4　問335→1　問336→1
　　　　問337→1

## 問題

### 問 342

　アマチュア局の無線電話通信において長時間継続して通報を送信するとき，10分ごとを標準として適当に送信しなければならない事項は，次のどれか．

1　自局の呼出符号
2　相手局の呼出符号
3　① こちらは
　　② 自局の呼出符号
4　① 相手局の呼出符号
　　② こちらは
　　③ 自局の呼出符号

### 問 343

　アマチュア局が長時間継続して通報を送信する場合，「こちらは」及び自局の呼出符号を何分ごとを標準とし適当に送信しなければならないか，次のうちから選べ．

1　10分　　　2　20分　　　3　25分　　　4　30分

### 問 344

　無線電話通信において，送信中に誤った送信を行ったときは，次のどれによらなければならないか．

1　そのまま送信を継続し，送信終了後「訂正」の略語を前置して，訂正箇所を示して正しい語字を送信する．
2　「訂正」の略語を前置して，正しく送信した適当な語字から更に送信する．
3　「訂正」の略語を前置して，初めから更に送信する．
4　「訂正」の略語を前置して，誤った語字から更に送信する．

### 問 345

　無線電話通信において，相手局に対し通報の反復を求めようとするときは，どのようにすることになっているか，正しいものを次のうちから選べ．

1　「反復してください．」と送信する．
2　反復する箇所を2回繰り返し送信する．
3　反復する箇所の次に「反復」を送信する．
4　「反復」の次に反復する箇所を示す．

# 問題

## 問 346

無線電話通信において，送信した通報を反復して送信するときは，1字若しくは1語ごとに反復する場合又は略符号を反復する場合を除き，次のどれによらなければならないか．

1 通報の各通ごとに「反復」2回を前置する．
2 通報の1連続ごとに「反復」3回を前置する．
3 通報の最初及び適当な箇所で「反復」を送信する．
4 通報の各通ごと又は1連続ごとに「反復」を前置する．

## 問 347

無線電話により通信中，混信の防止その他の必要により使用電波の周波数の変更の要求を受けた無線局がこれに応じようとするときは，次のどれによらなければならないか．

1 「どうぞ」を送信し，直ちに周波数を変更する．
2 「了解」又は「OK」を送信し，直ちに周波数を変更する．
3 変更する周波数を送信し，直ちに周波数を変更する．
4 「こちらは…（周波数）に変更します」を送信し，直ちに周波数を変更する．

## 問 348

無線局は無線設備の機器の試験又は調整を行うために運用するときには，なるべく何を使用しなければならないことになっているか，次のうちから選べ．

1 水晶発振回路
2 擬似空中線回路
3 高調波除去装置
4 空中線電力の低下装置

---

**解答** 問338→2　問339→2　問340→3　問341→1　問342→3
　　　　問343→1　問344→2　問345→4

**ミニ解説**
問340　問題文の「使用する略語は」の部分が「送信することになっている略語は」になっている問題も出題されている．選択肢と解答は同じ．
問343　誤った選択肢が次と入れ替わっている問題も出題されている．解答は同じ．「5分」，「15分」

## 問 349

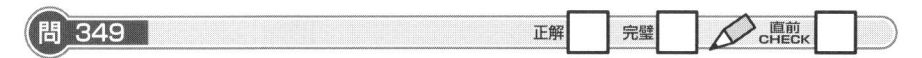

電波法の規定により，無線局がなるべく擬似空中線回路を使用しなければならないのは，次のどの場合か．

1　他の無線局の通信に妨害を与えるおそれがあるとき．
2　工事設計書に記載した空中線を使用できないとき．
3　無線設備の機器の試験又は調整を行うとき．
4　物件に損傷を与えるおそれがあるとき．

## 問 350

無線局が無線機器の試験又は調整のため電波の発射を必要とするとき，発射する前に自局の発射しようとする電波の周波数及びその他必要と認める周波数によって聴守して確かめなければならないことになっているのは，次のどれか．

1　非常の場合の無線通信が行われていないこと．
2　他の無線局の通信に混信を与えないこと．
3　他の無線局が通信を行っていないこと．
4　受信機が最良の状態にあること．

## 問 351

試験電波の発射を行う場合に無線局運用規則で使用することとされている略語は，次のどれか．

1　明りょう度はいかがですか
2　本日は晴天なり
3　感度はいかがですか
4　お待ちください

## 問題

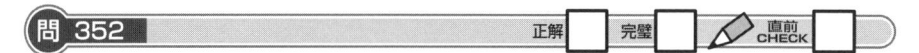

### 問 352

アマチュア局が無線機器の試験又は調整のため電波発射する場合において,「本日は晴天なり」の連続及び自局の呼出符号の送信は,必要があるときを除き,何秒間を超えてはならないか. 次のうちから選べ.

1　5秒間　　　2　10秒間　　　3　20秒間　　　4　30秒間

### 問 353

無線電話の機器の調整中, しばしばその電波の周波数により聴守を行って確かめなければならないことになっているのは, 次のどれか.

1　他の無線局から停止の要求がないかどうか.
2　周波数の偏差が許容値を超えていないかどうか.
3　受信機が最良の感度に調整されているかどうか.
4　「本日は晴天なり」の連続及び自局の呼出符号の送信が10秒間を超えていないかどうか.

### 問 354

次の「　」内は, 無線局が無線電話により試験電波を発射する前に他の無線局から停止の請求がないかどうかを確かめるため送信する事項であるが, ◯◯◯◯内に入れるべき字句を下の番号から選べ.

「①　ただいま試験中　　　◯◯◯◯
　②　こちらは　　　　　　1回
　③　自局の呼出符号　　　3回」

1　3回　　　2　5回　　　3　10回以下　　　4　数回

---

**解答**　問346→4　　問347→2　　問348→2　　問349→3　　問350→2
　　　　　問351→2

**ミニ解説**
問348　問題文の「機器の試験又は調整」の部分が「機器の試験」又は「機器の調整」になっている問題も出題されている. 選択肢と解答は同じ.
問350　問題文の「機器の試験又は調整」の部分が「機器の調整」になっている問題も出題されている. 選択肢と解答は同じ.

# 問題

## 問 355

非常の場合の無線通信において、無線電話により連絡を設定するための呼出し又は応答は、次のどれによって行うことになっているか。

1　呼出事項又は応答事項の次に「非常」1回を送信する。
2　呼出事項又は応答事項の次に「非常」3回を送信する。
3　呼出事項又は応答事項に「非常」1回を前置する。
4　呼出事項又は応答事項に「非常」3回を前置する。

## 問 356

非常の場合の無線通信において、無線電話により連絡を設定するための呼出し又は応答は、呼出事項又は応答事項に「非常」の略語を何回前置して行うことになっているか、次のうちから選べ。

1　1回　　　2　2回　　　3　3回　　　4　4回

## 問 357

非常の場合の無線通信において、無線電話により連絡を設定するための呼出しは、次のどれによって行うことになっているか。

1　呼出事項に「非常」1回を前置する。
2　呼出事項に「非常」3回を前置する。
3　呼出事項の次に「非常」1回を送信する。
4　呼出事項の次に「非常」3回を送信する。

## 問題

### 問 358

非常の場合の無線通信において，無線電話により連絡を設定するための応答は，次のどれによって行うことになっているか．

1 応答事項の次に「非常」3回を送信する．
2 応答事項の次に「非常」1回を送信する．
3 応答事項に「非常」3回を前置する．
4 応答事項に「非常」1回を前置する．

### 問 359

無線局において，「非常」を前置した呼出しを受信した場合は，応答する場合を除き，次のどれによらなければならないか．

1 混信を与えるおそれのある電波の発射を停止して傍受する．
2 直ちに非常災害対策本部に通知する．
3 すべての電波の発射を停止する．
4 直ちに付近の無線局に通報する．

### 問 360

非常通信の取扱いを開始した後，有線通信の状態が復旧した場合，次のどれによらなければならないか．

1 なるべくその取扱いを停止する．
2 速やかにその取扱いを停止する．
3 非常の事態に応じて適当な措置をとる．
4 現に有する通報を送信した後，その取扱いを停止する．

---

**解答** 問352→2　問353→1　問354→1　問355→4　問356→3
　　　　問357→2

**ミニ解説**
問353　問題文の「機器の調整中」の部分が「機器の試験中」になっている問題も出題されている．選択肢と解答は同じ．
問356　問題文の「呼出し又は応答は，呼出事項又は応答事項に」の部分が「呼出しは，呼出事項に」になっている問題も出題されている．選択肢と解答は同じ．

## 問 361

免許人が電波法に違反したときに，その無線局について受けることがある処分は，次のどれか．

1　無線従事者の解任命令　　2　電波の型式の制限
3　運用の停止　　　　　　　4　通信の相手方の制限

## 問 362

免許人が電波法に違反したときに，その無線局について受けることがある処分は，次のどれか．

1　送信空中線の撤去命令　　2　電波の型式の制限
3　空中線電力の制限　　　　4　通信の相手方の制限

## 問 363

免許人が電波法の規定に違反したときに，その無線局について総務大臣から受けることがある処分は，次のどれか．

1　通信事項の制限　　2　電波の型式の制限
3　周波数の制限　　　4　再免許の拒否

### 問 364

免許人が電波法に基づく処分に違反したとき，その無線局について総務大臣から受けることがある処分は，次のどれか．

1　電波の型式の制限　　　　2　運用の停止
3　送信空中線の撤去　　　　4　通信事項の制限

### 問 365

免許人が電波法に基づく処分に違反したときに，その無線局について受けることがある処分は，次のどれか．

1　周波数の制限　　　　　　2　電波の型式の制限
3　通信の相手方の制限　　　4　通信事項の制限

### 問 366

免許人が電波法に基づく処分に違反したとき，その無線局について受けることがある処分は，次のどれか．

1　再免許の拒否　　　　　　2　空中線電力の制限
3　通信の相手方の制限　　　4　電波の型式の制限

---

**解答**　問358→3　　問359→1　　問360→2　　問361→3　　問362→3
　　　　問363→3

**ミニ解説**　**問363**　誤った選択肢が次と入れ替わっている問題も出題されている．解答は同じ．
「通信の相手方の制限」

## 問 367

免許人が電波法に違反して一定の期間その無線局の運用の停止を命ぜられることがあるが，その期間とは，次のどれか．

1　1か月以内　　2　3か月以内　　3　6か月以内　　4　1年以内

## 問 368

免許人が総務大臣から3か月以内の期間を定めて無線局の運用の停止を命ぜられることがあるのは，次のどの場合か．

1　免許人が日本の国籍を有しない者となったとき．
2　無線従事者がその免許証を失ったとき．
3　電波法に基く処分に違反したとき．
4　無線局の免許状を失ったとき．

## 問 369

無線局の免許を取り消されることがあるのは，次のどれか．

1　免許人が1年以上の期間日本を離れたとき．
2　免許状に記載された目的の範囲を超えて運用したとき．
3　不正な手段により無線局の免許を受けたとき．
4　免許人が免許人以外の者のために無線局を運用させたとき．

## 問 370

無線従事者の免許を取り消されることがある場合は，次のどれか．

1　電波法若しくは電波法に基づく命令又はこれらに基づく処分に違反したとき．
2　5年以上無線設備の操作を行わなかったとき．
3　日本の国籍を失ったとき．
4　免許証を失ったとき．

## 問題

### 問 371

無線従事者の免許を取り消されることがある場合は，次のどれか．

1 免許証を失ったとき．
2 電波法に違反したとき．
3 日本の国籍を失ったとき．
4 引き続き6か月以上無線設備の操作を行わなかったとき．

### 問 372

無線従事者の免許を取り消されることがある場合は，次のどれか．

1 引き続き6か月以上無線設備の操作を行わなかったとき．
2 日本の国籍を失ったとき．
3 電波法に基づく処分に違反したとき．
4 免許証を失ったとき．

---

**解答**
問364→2　問365→1　問366→2　問367→2　問368→3
問369→3　問370→1

**ミニ解説**

問361〜368　免許人が電波法若しくは電波法に基づく命令又はこれらに基づく処分に違反したときに受ける処分は，3か月以内の期間を定めて無線局の運用の停止，又は期間を定めて無線局の運用許容時間，周波数，空中線電力の制限．

問364　誤った選択肢が次と入れ替わっている問題も出題されている．解答は同じ．「通信の相手方の制限」

問365　誤った選択肢が次と入れ替わっている問題も出題されている．解答は同じ．「送信空中線の撤去」「再免許の拒否」

問366　誤った選択肢が次と入れ替わっている問題も出題されている．解答は同じ．「送信空中線の撤去命令」

## 問 373

無線従事者の免許を取り消されることがある場合は，次のどれか．

1 日本の国籍を失ったとき．
2 不正な手段により免許を受けたとき．
3 無線従事者が死亡したとき．
4 免許証を失ったとき．

## 問 374

無線従事者が総務大臣から3か月以内の期間を定めてその業務に従事することを停止されることがあるのは，次のどの場合か．

1 免許証を失ったとき．
2 電波法に違反したとき．
3 従事する無線局が廃止されたとき．
4 無線局の運用を休止したとき．

## 問 375

無線従事者が，電波法若しくは電波法に基づく命令又はこれらに基づく処分に違反したときに行われることがあるのは，次のどれか．

1 6か月の無線従事者国家試験の受験停止
2 6か月のアマチュア業務の従事停止
3 3か月以内の期間の業務の従事停止
4 3か月以内の期間の無線設備の操作範囲の制限

# 問題

## 問 376

無線従事者が電波法若しくは電波法に基づく命令又はこれらに基づく処分に違反したとき，総務大臣から受けることがある処分は，次のどれか．

1 3か月間の無線従事者の業務の従事停止
2 6か月間の無線従事者の業務の従事停止
3 6か月間の無線従事者国家試験の受験停止
4 3か月以内の期間を定めた無線設備の操作範囲の制限

## 問 377

無線局が臨時に電波の発射の停止を命ぜられることがある場合は，次のどれか．

1 暗語を使用して通信を行ったとき．
2 発射する電波が他の無線局の通信に混信を与えたとき．
3 免許状に記載された空中線電力の範囲を超えて運用したとき．
4 発射する電波の質が，総務省令で定めるものに適合していないと認められるとき．

## 問 378

無線局が総務大臣から臨時に電波の発射の停止を命じられることがある場合は，次のどれか．

1 必要のない無線通信を行っているとき．
2 総務大臣が当該無線局の発射する電波の質が総務省令で定めるものに適合していないと認めるとき．
3 発射する電波が他の無線局の通信に混信を与えたとき．
4 免許状に記載された空中線電力の範囲を超えて運用したとき．

---

**解答** 問371→2  問372→3  問373→2  問374→2  問375→3

**ミニ解説**
問372 誤った選択肢が次と入れ替わっている問題も出題されている．解答は同じ．「電波法に基づく命令に違反したとき．」「5年以上無線設備の操作を行わなかったとき．」

問373 誤った選択肢が次と入れ替わっている問題も出題されている．解答は同じ．「氏名に変更を生じたのに免許証の訂正を受けなかったとき．」「5年以上無線設備の操作を行わなかったとき．」

## 問 379

無線局の発射する電波の質が総務省令で定めるものに適合していないと認められるとき，その無線局についてとられることがある措置は，次のどれか．

1　免許を取り消される．
2　空中線の撤去を命ぜられる．
3　臨時に電波の発射の停止を命ぜられる．
4　周波数又は空中線電力の指定を変更される．

## 問 380

臨時検査（電波法第73条第5項の検査）が行われる場合は，次のどれか．

1　無線局の再免許が与えられたとき．
2　無線従事者選解任届を提出したとき．
3　無線局の工事設計の変更をしたとき．
4　臨時に電波の発射の停止を命ぜられたとき．

## 問 381

総務大臣は，電波法の施行を確保するため特に必要がある場合において，無線局に電波の発射を命じて行う検査では，何を検査するか，次のうちから選べ．

1　送信装置の電源の変動率
2　発射する電波の質又は空中線電力
3　無線局の運用の実態
4　無線従事者の無線設備の操作の技能

## 問 382

アマチュア局の免許人が行った通信のうち総務大臣に報告しなければならないと電波法で規定されているものは，次のどれか．

1　宇宙無線通信
2　非常通信
3　無線設備の試験又は調整をするための通信
4　国際通信

## 問 383

無線局の免許人は，非常通信を行ったとき，電波法の規定によりとらなければならない措置は，次のどれか．

1　中央防災会議会長に届け出る．
2　市町村長に連絡する．
3　都道府県知事に通知する．
4　総務大臣に報告する．

## 問 384

電波法又は電波法に基づく命令の規定に違反して運用した無線局を認めたとき，電波法の規定により免許人がとらなければならない措置は，次のどれか．

1　総務省令で定める手続により報告する．
2　その無線局の電波の発射を停止させる．
3　その無線局の免許人に注意を与える．
4　その無線局の免許人を告発する．

---

**解答**　問376→1　問377→4　問378→2　問379→3　問380→4　問381→2

**ミニ解説**
問377　誤った選択肢が次と入れ替わっている問題も出題されている．解答は同じ．「非常の場合の無線通信を行ったとき．」
問378　誤った選択肢が次と入れ替わっている問題も出題されている．解答は同じ．「暗語を使用して通信を行ったとき．」

## 問 385

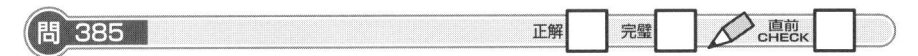

免許人は電波法に違反して運用した無線局を認めたとき，電波法の規定により，どのようにしなければならないか，次のうちから選べ．

1　総務大臣に報告する．
2　その無線局の電波の発射を停止させる．
3　その無線局の免許人にその旨を通知する．
4　その無線局の免許人を告発する．

## 問 386

アマチュア局の免許人は，無線局の免許を受けた日から起算してどれほどの期間内に，また，その後その免許の日に応当する日（応当する日がない場合は，その翌日）から起算してどれほどの期間内に電波法の規定により電波利用料を納めなければならないか，正しいものを次のうちから選べ．

1　10日
2　30日
3　2か月
4　3か月

## 問 387

移動するアマチュア局（人工衛星に開設するものを除く．）の免許状は，どこに備え付けておかなければならないか，正しいものを次のうちから選べ．

1　免許人の住所
2　無線設備の常置場所
3　受信装置のある場所
4　無線局事項書の写しを保管している場所

# 問題

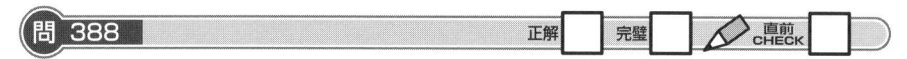

## 問 388

次の文は，免許状に関する電波法の規定であるが，☐内に入れるべき字句を下の番号から選べ．

「免許人は，免許状に記載した事項に変更を生じたときは，その免許状を総務大臣に提出し，☐を受けなければならない．」

1　訂正　　2　再免許　　3　承認　　4　再交付

## 問 389

免許人は，免許状に記載された事項に変更を生じたとき，とらなければならない措置は，次のどれか．

1　免許状の変更内容を連絡して再交付を受ける．
2　自ら免許状を訂正し承認を受ける．
3　再免許を申請する．
4　免許状の訂正を受ける．

## 問 390

免許人は，免許状に記載された事項に変更を生じたとき，とらなければならない措置は，次のどれか．

1　免許状の発給者に電話でその内容を連絡する．　　2　再免許を申請する．
3　自ら免許状を訂正し，承認を受ける．　　4　免許状の訂正を受ける．

---

**解答**　問382→2　問383→4　問384→1　問385→1　問386→2
　　　　問387→2

**ミニ解説**
問384　問題文の「電波法又は電波法に基づく命令」の部分が「電波法に基づく命令」になっている問題も出題されている．選択肢と解答は同じ．
問387　誤った選択肢が次と入れ替わっている問題も出題されている．解答は同じ．
「送信空中線の設置場所」

## 問題

### 問 391

免許状に記載された事項に変更を生じたとき，免許人がその免許状についてとらなければならない手続きは，次のどれか．

1　1か月以内に返す．
2　再免許を申請する．
3　その旨を報告する．
4　訂正を受ける．

### 問 392

免許人は，住所を変更したときは，どうしなければならないか，正しいものを次のうちから選べ．

1　無線設備の設置場所の変更を申請する．
2　免許状を総務大臣に提出し，訂正を受ける．
3　遅滞なく，その旨を総務大臣に届け出る．
4　免許状を訂正し，その旨を総務大臣に報告する．

### 問 393

免許人が免許状を汚したために免許状の再交付を受けようとするときの手続きは，次のどれか．

1　理由を記載した申請書を提出する．
2　無線局再免許申請書を提出する．
3　その旨を届け出る．
4　免許状を返す．

### 問 394

免許人が免許状を失ったために免許状の再交付を受けようとするときの手続きは，次のどれか．

1　その旨を届け出る．
2　無線局再免許申請書を提出する．
3　その旨を付記した運用休止届を提出する．
4　理由を記載した申請書を提出する．

## 問題

### 問 395

免許人は免許状を破損したために免許状の再交付を受けたとき，旧免許状をどのようにしなければならないか，正しいものを次のうちから選べ．

1 そのままにしておく．
2 遅滞なく廃棄する．
3 遅滞なく返す．
4 一緒に掲示する．

### 問 396

免許人は免許状を汚したために免許状の再交付を受けたとき，旧免許状をどのようにしなければならないか，正しいものを次のうちから選べ．

1 遅滞なく返す．
2 速やかに廃棄する．
3 1か月以内に返す．
4 保管しておく．

### 問 397

電波法の規定により，免許状を1か月以内に返納しなければならない場合は，次のどれか．

1 免許がその効力を失ったとき．
2 無線局の運用を休止したとき．
3 免許状を破損し，又は汚したとき．
4 無線局の運用の停止を命ぜられたとき．

---

解答  問388→1  問389→4  問390→4  問391→4  問392→2
　　　問393→1  問394→4

### 問 398

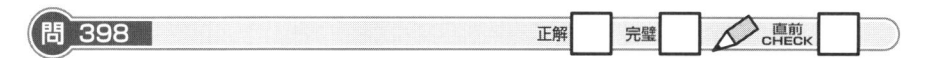

免許人が，1か月以内に免許状を返納しなければならない場合は，次のどれか．

1　無線局の免許を取り消されたとき．
2　無線局の運用の停止を命ぜられたとき．
3　免許人の住所を変更したとき．
4　臨時に電波の発射の停止を命ぜられたとき．

### 問 399

免許人が1か月以内に免許状を返納しなければならない場合に該当しないのは，次のどれか．

1　無線局を廃止したとき．
2　無線局の免許を取り消されたとき．
3　無線局の免許の有効期間が満了したとき．
4　臨時に電波の発射の停止を命ぜられたとき．

### 問 400

無線局の免許がその効力を失ったときは，免許人であった者は，その免許状をどうしなければならないか，正しいものを次のうちから選べ．

1　直ちに廃棄する．
2　3か月以内に返納する．
3　1か月以内に返納する．
4　2年間保管する．

## 解説 → 期限や時間を表す用語のポイント

- アマチュア局の免許の有効期間＞＞5年間
- アマチュア局の再免許の申請期間＞＞有効期間満了前1か月以上6か月を超えない期間
- 無線局の免許が効力を失ったとき空中線を撤去する期間＞＞遅滞なく
- 失った無線従事者免許証を発見したときの返納する期間＞＞10日以内
- 無線通信中に通信上の誤りを知ったとき＞＞直ちに訂正
- 電波の発射が放送の受信等に支障を与えるとき＞＞速やかに発射を中止
- 呼出しを反復しても応答がない場合，呼出しを再開する間隔＞＞3分間
- 呼出しが既に行われている通信に混信を与えるとき＞＞直ちに呼出しを中止
- 長時間継続して通報を送信＞＞10分ごとに，こちらは及び自局の呼出符号を送信
- 試験電波を発射するときの時間＞＞10秒間
- 非常通信開始後に有線通信が復旧＞＞速やかに取り扱いを停止
- 免許人が違反して無線局の運用の停止を命ぜられる期間＞＞3か月以内
- 無線従事者が違反して業務に従事停止される期間＞＞3か月以内
- 電波利用料を納める期間＞＞30日以内
- 新たな免許状の交付を受けたとき旧免許状を返す期間＞＞遅滞なく
- 無線局の免許を取り消されて免許状を返納する期間＞＞1か月以内
- 無線局の免許が効力を失ったとき免許状を返納する期間＞＞1か月以内

### 解答

問395→3　問396→1　問397→1　問398→1　問399→4
問400→3

### ミニ解説

**問395** 誤った選択肢が次と入れ替わっている問題も出題されている．解答は同じ．「速やかに廃棄する．」，「1か月以内に返す．」，「保管しておく．」，「保存しておく．」

**問397** 誤った選択肢が次と入れ替わっている問題も出題されている．解答は同じ．「無線局の運用を休止しようとするとき．」，「免許状の再交付を受けたとき．」

**問400** 誤った選択肢が次と入れ替わっている問題も出題されている．解答は同じ．「3か月間保管しておく．」，「速やかに廃棄する．」，「6か月以内に返納する．」

【著者紹介】

吉川忠久（よしかわ・ただひさ）
　　学　歴　東京理科大学物理学科卒業
　　職　歴　郵政省関東電気通信監理局
　　　　　　日本工学院八王子専門学校
　　　　　　中央大学理工学部兼任講師
　　　　　　明星大学理工学部非常勤講師
　　　　　　（株）QCQ企画 主催「一・二アマ」国家試験 直前対策講習会講師


合格精選400題
**第四級アマチュア無線技士 試験問題集**

2014年 5月10日　第1版1刷発行　　　ISBN 978-4-501-33040-8 C3055
2025年 6月20日　第1版4刷発行

著　者　吉川忠久
　　　　© Yoshikawa Tadahisa 2014

発行所　学校法人 東京電機大学　〒120-8551　東京都足立区千住旭町5番
　　　　東京電機大学出版局　　　Tel. 03-5284-5386（営業）03-5284-5385（編集）
　　　　　　　　　　　　　　　　Fax. 03-5284-5387　振替口座 00160-5-71715
　　　　　　　　　　　　　　　　https://www.tdupress.jp/

JCOPY ＜（一社）出版者著作権管理機構 委託出版物＞
本書の全部または一部を無断で複写複製(コピーおよび電子化を含む)することは，著作権法上での例外を除いて禁じられています。本書からの複写を希望される場合は，そのつど事前に，(一社)出版者著作権管理機構の許諾を得てください。また，本書を代行業者等の第三者に依頼してスキャンやデジタル化をすることはたとえ個人や家庭内での利用であっても，いっさい認められておりません。
［連絡先］Tel. 03-5244-5088，Fax. 03-5244-5089，E-mail: info@jcopy.or.jp

編集：（株）QCQ企画
印刷・製本：三美印刷（株）　　装丁：齋藤由美子
落丁・乱丁本はお取り替えいたします。　　　　　Printed in Japan

## アマチュア無線技士・航空無線通信士・陸上特殊無線技士

### 第4級ハム 集中ゼミ

吉川忠久著　A5判　272頁

第4級ハムの出題傾向分析に基づいた構成。出題ポイントを絞り込み、項目ごとに分かりやすく解説。頻出問題を中心とし、練習問題を豊富に収録した。

### 第3級ハム 集中ゼミ

吉川忠久著　A5判　264頁

第3級ハムの出題傾向分析に基づいた構成。出題のポイントを絞り込み、項目ごとにわかりやすく解説。頻出問題を中心にして、練習問題を豊富に収録。

### 合格精選400題 第二級アマチュア無線技士 試験問題集

吉川忠久著　A5判　256頁

表ページに問題、裏ページに解答と解説を配し、効果的な試験対策が可能。過去の出題傾向を分析して、重要問題を精選して収録。

### 合格精選400題 第一級アマチュア無線技士 試験問題集

吉川忠久著　A5判　272頁

表ページに問題、裏ページに解答と解説を配し、効果的な試験対策が可能。過去の出題傾向を分析して、重要問題を精選して収録。

### 第二級アマチュア無線技士国家試験 計算問題突破塾

QCQ企画編著　A5判　160頁

受験者が苦労する無線工学の計算問題を徹底的にやさしく解説。詳細な計算過程とともに複雑な計算を効率よく行うためのノウハウとテクニックを凝縮。

### 合格精選400題 航空無線通信士 試験問題集

QCQ企画編著　A5判　256頁

「航空通」の既往問題を精選して収録。詳しい解答と解説により、合格への実力を養成。無線工学の分野を多く掲載し、出題範囲をくまなく理解できる。

### 一陸特受験教室 無線工学

吉川忠久著　A5判　264頁

第一級陸上特殊無線技士（一陸特）は、解答に必要な知識の解説を中心に説明する。また基本練習問題により、知識を確実なものとするように解説。

### 一陸特受験教室 電波法規

吉川忠久著　A5判　128頁

第一級陸上特殊無線技士（一陸特）は、解答に必要な知識の解説を中心に説明する。また基本練習問題により、知識を確実なものとするように解説。

＊定価，図書目録のお問い合わせ・ご要望は出版局までお願いいたします。
*URL*　http://www.tdupress.jp/

DJ-002